U0212615

东方建筑遗产

保国寺古建筑博物馆

· 2013年卷 ·

文物出版社

责任印制　陈　杰

责任编辑　李　飏　智　朴

图书在版编目（CIP）数据

东方建筑遗产·2013年卷/保国寺古建筑博物馆编.
－北京：文物出版社，2013.11
ISBN 978－7－5010－3884－8

Ⅰ.①东…　Ⅱ.①保…　Ⅲ.　①建筑－文化遗产－保护
－东方国家－文集　Ⅳ.①TU－87

中国版本图书馆CIP数据核字（2013）第257778号

东方建筑遗产·2013年卷

保国寺古建筑博物馆　编

文物出版社出版发行

（北京市东直门内北小街2号楼）

http://www.wenwu.com

E-mail:web@wenwu.com

北京文博利奥印刷有限公司制版

文物出版社印刷厂印刷

新华书店经销

787×1092　1/16　印张：12.5

2013年11月第1版　2013年11月第1次印刷

ISBN 978－7－5010－3884－8　　定价：120.00元

《东方建筑遗产》

主　　管：宁波市文化广电新闻出版局

主　　办：宁波市保国寺古建筑博物馆

学术后援：清华大学建筑学院

学术顾问：郭黛姮　王贵祥　张十庆　杨新平

编辑委员会

主　　任：陈佳强

副 主 任：孟建耀

策　　划：徐建成　董贻安

主　　编：余如龙

编　　委：(按姓氏笔画排列)

　　　　　王　伟　邬兆康　应　娜　李永法　沈惠耀

　　　　　范　励　郑　雨　翁依众　符映红　曾　楠

◆目 录◆

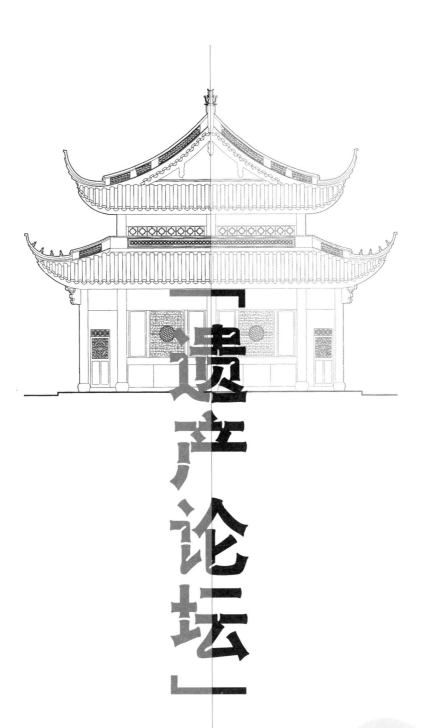

「遗产论坛」

壹

【普陀山明代护国永寿普陀禅寺（今普济禅寺）】

——寺院空间与建筑原状初探[一]

王贵祥·清华大学建筑学院

摘 要：唐咸通四年（863年），日本访唐僧慧锷从五台山请了一尊观音像，准备带回日本。船行至舟山补陀洛迦山潮音洞附近，因遇风浪而遗像于洞侧，时当地居民张氏请去供奉，称"不肯去观音"。明万历三十三年（1605年），帝遣人赍帑金两千两，及太后、诸宫、公主捐金，重建寺院，赐额"敕建护国永寿普陀禅寺"。其址今存建筑为清代所建普济禅寺。所幸的是，明万历本《普陀山志》中有普济禅寺前身——明护国永寿普陀禅寺的详细记录，包括用地基址长宽尺寸，每一单体建筑开间、进深尺寸，单体建筑高度尺寸，寺院中轴线上各建筑物前后间距等，可以此为据，较为准确地还原出这座明代皇家敕建寺院的基本平面、剖面形式，从而再现其明代时的完整面貌。

关键词：观音信仰 普济禅寺 明普陀山志 护国永寿普陀禅寺 复原研究

据《普陀洛迦山志》记载，唐咸通四年（863年），日本访唐僧慧锷从五台山请了一尊观音像，准备带回日本。船行至舟山补陀洛迦山潮音洞附近，因遇风浪而遗像于洞侧，时当地居民张氏请去供奉，称"不肯去观音"。五代后梁贞明二年（916年）起，始创不肯去观音院。宋元丰三年（1080年）寺院改建，诏赐"宝陀观音寺"，并列宋代江南教院"五山十刹"之一。元大德二年（1298年）重修殿宇。明洪武二十年（1387年），因海疆不靖而毁寺徙僧，其后二百余年寺址荒圮。

明万历三十三年（1605年），帝遣人赍帑金二千两，及太后、诸宫、公主捐金，重建寺院，赐额"敕建护国永寿普陀禅寺"。清康熙十年（1671年），因倭寇袭扰，迁僧入内地，康熙十四年（1675年）普济寺因游民失火而毁。现存寺院为康熙二十九年（1690年）、雍正九年（1731年）、嘉庆五年（1800年）、光绪七年（1881年），甚至民国元年（1912年）先后二百二十余年间，陆续重建修葺的结果，并改称普济禅寺[二]。

[一] 本论文属国家自然科学基金支持项目，项目名称：《文字与绘画史料中所见唐宋、辽金与元明木构建筑的空间、结构、造型与装饰研究》，项目批准号：51378276。

[二] 王连胜主编：《普陀洛迦山志·普济禅寺》，上海古籍出版社，1999年版，第311～336页。

所幸的是，明万历年间纂《普陀山志》中有普济禅寺前身——明代护国永寿普陀禅寺的较为详细的记载，可以此为据，大略还原出这座明代皇家敕建寺院的基本面貌。

一 中国佛教四大菩萨道场历史简说

南北朝以来，先后出现了四大佛教菩萨道场，分布在山西五台、四川峨眉、安徽九华与浙江普陀四大名山中。其中，五台山自北朝开始就已成为著名的佛教圣地，峨眉山与九华山则是在唐末五代时期初步形成寺院规模，并奠定其后世佛教名山地位，普陀山作为佛教圣地的时间则比较晚。

除了五台山文殊金色世界与峨眉山普贤银色世界，以及因中土地藏信仰，及新罗僧人释地藏的圣迹而形成的九华山地藏道场外，唐宋时期的中国人，还没有在中土找到观音菩萨的圣山。唐人的信仰中，观音的圣山，仍在西土印度。《宋高僧传》中的"唐洛阳广福寺金刚智传"中描述了这一点："释跋日罗菩提，华言金刚智。南印度摩赖耶国人也。华言光明，其国境近观音宫殿补陀落伽山。"[一]《宋高僧传》的作者是北宋时人，说明在宋初中土人的观念中，观音菩萨的圣山仍然在印度。由此可知，将浙江的普陀山定名为补陀洛迦山，并视之为观音菩萨道场，是宋代以后的事情。但普陀山与观音菩萨的联系，却仍可以追溯到唐代。

相信观音菩萨的道场在补陀洛伽山，见于唐代印度僧人实叉难陀所译《华严经》中的描述："于此南方有山，名：补怛洛迦；

彼有菩萨，名：观自在……渐次游行，至于彼山，处处求觅此大菩萨。见其西面岩谷之中，泉流萦映，树林蓊郁，香草柔软，右旋布地。观自在菩萨于金刚宝石上结跏趺坐，无量菩萨皆坐宝石恭敬围绕，而为宣说大慈悲法，令其摄受一切众生。"[二]在当时的信仰中，这座观音菩萨的圣地，应该是位于印度的南方地区。

将浙江舟山群岛中的一座岛山，与观音菩萨联系在一起，并将其称之为补陀洛迦山，缘于唐代密切的中日佛教交往中所发生的一次偶然事件。

唐代会昌元年（841年）、大中元年（847年）与咸通三年（862年），日本佛教天台宗始祖最澄的徒弟慧锷曾经三次远渡，来到中土大唐，朝拜中国的五台山与天台山。在第三次入唐求法的咸通四年（863年）春，于五台山请得观音菩萨一尊圣像，恭负至明州开元寺，之后就近乘船归国，途经海中的梅岑山（即今日的普陀山）潮音洞附近，遇到海风骤起，舟船难行，慧锷以为菩萨不愿东渡，遂将圣像安置于洞侧祈拜而去。随后，岛上居民张氏，将圣像请去供奉于自宅，称为"不肯去观音"。

至后梁贞明二年（916年），在张氏宅址上建造了"不肯去观音院"。这可能是普陀山最早的寺院。至北宋元丰三年（1080年）寺院改建，敕赐寺额"宝陀观音"，并成为宋代江南教寺中的"五山十刹"之一。将其山称之为补陀洛迦山或普陀山，大约也是在这一时期[三]。

至南宋绍兴元年（1131年），真歇禅

4

师驻锡此山，改律寺为禅寺，山寺始兴，岛上的七百余家渔民，闻梵音而起敬，先后离岛而去，山岛遂成为佛国净土，普陀之声名也渐渐远播海内外。自那时起，海内外的信众纷至沓来，据元代盛熙明《补陀洛迦山传》记载："海东诸夷，如三韩、日本、扶桑、占城、渤海，数百国雄商巨舶，由此取道放洋，凡遇风波寇盗，望山归命，即得消散。"[四]

元大德二年（1298年）朝廷遣使降香，重修宝陀观音寺。元统二年（1334年）孚中禅师于寺之东南建多宝塔。至元末时，普陀山上的寺院渐趋完备。至明洪武初年，禅师大基行丕驻锡山岛。然而，到了洪武二十年（1387年），经略沿海的信国公汤和，因海疆不靖"穷洋多险，易为贼寇"而毁寺徙僧，其后山岛荒坏百年，至正德年才有僧登山，嘉靖年间，又有贼盗王直等引倭寇占山为巢，至嘉靖三十六年（1557年），总督胡宗宪将宝陀观音寺及观音像迁至镇海招宝山（今浙江宁波镇海区）栖心寺(今七塔寺)，并毁除其余庵寺。

明代万历初年，高僧真表再次登岛建寺，至万历八年（1580年），大智禅师又创海潮庵（今法雨寺前身）。至万历三十三年（1605年），皇帝赐帑重建普陀、镇海二寺，规制宏敞。万历以降，普陀山香火繁盛，山中寺庵僧茅多达二百余所。"帝后妃主，王侯宰官，下逮僧尼道流，善信男女，远近累累，亡不函经捧香，抟颡茧足，梯山航海，云合电奔，来朝大士。"[五]

至清康熙十年（1671年），再一次因为"海疆不靖"而尽迁山岛僧民，岛上的前、后两寺尽遭火焚，余庵亦皆荒废。直至康熙二十三年（1684年），才重弛海禁，允许僧众归山复业。康熙三十八年（1699年），再次重建了前、后两寺，分别为前寺御书"普济群灵"，为后寺御书"天花法雨"，这两座寺院也因此而改额为"普济禅寺"与"法雨禅寺"。雍正年间，朝廷又发帑金扩建两寺，并于乾隆五十八年（1793年），由僧人能积创建了佛顶山慧济庵（今慧济寺）。民国初年，山上有三座大寺，88座庵，128座僧茅，寺庵殿阁庵室总数达到了四千七百余间[六]。至此，中国佛教观音道场普陀山的寺庵等宗教建筑渐趋完备。

二 普陀山明代护国永寿普陀禅寺

从如上有关普陀山发展沿革的叙述中，可以注意到，普陀山之成为中国佛教观音菩萨道场，其肇始于日僧慧锷因恐惧海上风浪而遗于岛上潮音

[一][宋]赞宁《宋高僧传·唐洛阳广福寺金刚智传》，中华书局，1987年版。

[二][唐]实叉难陀译：《华严经·观自在菩萨》。

[三]王连胜主编：《普陀洛迦山志》，上海古籍出版社，1999年版，第1～2页。

[四][元]盛熙明：《补陀洛迦山传》，《大正新修大藏》第五十一册。

[五]同注[三]，第2页。

[六]同注[三]，第2～3页。

5

洞旁的五台山所请观音圣像，及为这尊圣像所建立的"不肯去观音院"。

如前所述，这座观音院于北宋元丰三年（1080年）改为"宝陀观音寺"，南宋绍兴元年（1131年）改律寺为禅寺。元大德二年（1298年）重修宝陀观音寺。元统二年（1334年）于寺之东南建多宝塔。明洪武二十年（1387年）因海疆不靖，寺院遭毁，嘉靖三十六年（1557年），为防海寇，将观音像及寺院迁至镇海招宝山上。万历三十三年（1605年），皇帝赐帑重建普陀、镇海二寺，规制宏敞。也就是说，这一年朝廷对于与观音圣像有密切关联的两座寺院：曾经藏有观音像的普陀山宝陀观音寺与后来藏有观音像的镇海招宝山栖心寺都进行了大规模的重建。

清康熙十年（1671年），普陀山明代重建之宝陀观音寺（前寺），及新创之海潮庵（后寺）都因海疆不靖而再一次遭到焚毁。直至康熙三十八年（1699年）重建岛上的前、后二寺，并赐御匾，从而形成今日普陀山普济禅寺、法雨禅寺，及乾隆五十八年（1793年）新创慧济寺三座大寺鼎立，近百座佛庵，百余座僧茅的佛教圣山局面。

由此可见，今日尚存清代重建之普济禅寺的前身，即是明万历年间重建之前寺，从普陀山的历史来看，这座寺院具有承上启下的重要作用，清代普济寺是在这座寺院的旧基上重建的，其平面很可能也因袭了这座寺院的基本格局。据称，明万历三十三年（1605年），帝遣人赏帑金二千两，及太后、诸宫、公主捐金，重建寺院，赐额"敕建护国永寿普陀禅寺"。清康熙十年（1671年），因倭寇袭扰，迁僧入内地，康熙十四年（1675年）普济寺因游民失火而毁。现存寺院为康熙二十九年（1690年）、雍正九年（1731年）、嘉庆五年（1800年）、光绪七年（1881年），甚至民国元年（1912年）先后二百二十余年间，陆续重建修葺的结果，并改称普济禅寺[一]（图1、图2）。显然，

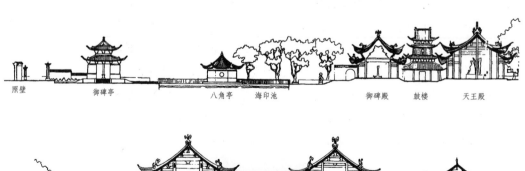

照壁　御碑亭　八角亭　海印池　御碑殿　鼓楼　天王殿

白衣殿　圆通殿　功德堂　藏经殿（法堂）　垂花门　景命殿（方丈、狮子窟）

图1　清代重建普济禅寺纵剖面图[二]

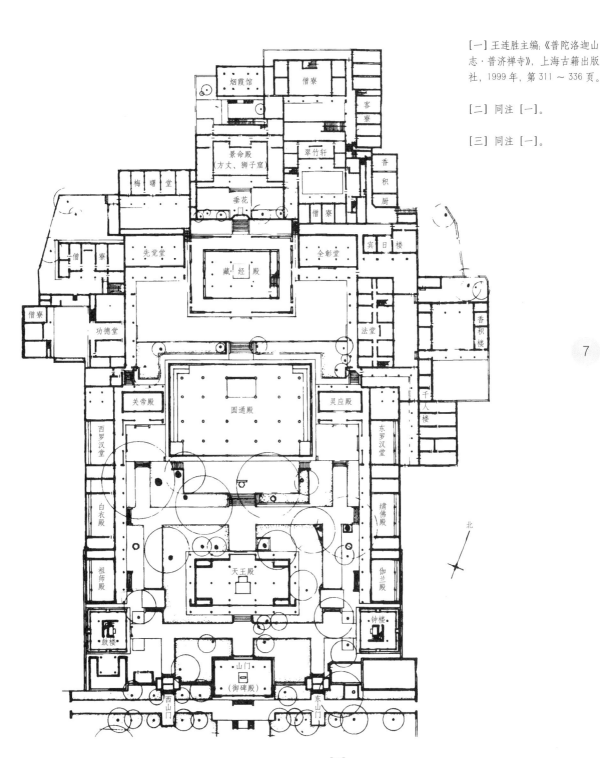

[一] 王连胜主编:《普陀洛迦山志·普济禅寺》,上海古籍出版社,1999年,第311～336页。

[二] 同注 [一]。

[三] 同注 [一]。

图2 清代重建普济禅寺平面图[三]

今日所存之普济禅寺，在清代至民国数百年间，几经重建修葺，明代初建之历史痕迹，似乎早已无存。

2012年3月，笔者在华盛顿美国国会图书馆查阅资料时，偶然发现了一套保存完好的明万历年间（1573～1620年）所纂《普陀山志》。志中有普济禅寺前身——明代护国永寿普陀禅寺（图3、图4）较为详细的记载。回到国内后，即请清华大学建筑学院李菁博士去北京国家图书馆查阅，发现国家图书馆仅余万历《普陀山志》残本，且其中已不见有关明代护国永寿普陀禅寺这一部分的页面。另外，从近人所编《普陀洛迦山志》之"普济寺"节，虽有"护国永寿普陀禅寺"一段的描述，但未注明出处，且其有关寺院建筑的文字描述，亦不及万历《普陀山志》中相应的记述详尽。亦从一个侧面说明，当时编者手中似也未能找到万历本《普陀山志》作为参考。因此，可以说美国国会图书馆所藏万历本《普陀山志》弥足珍贵。

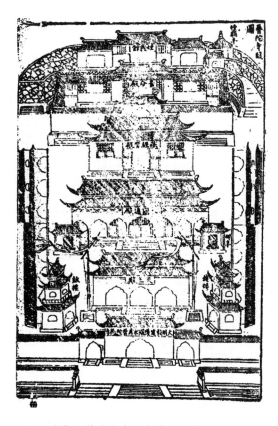

图4　明代《普陀山志》中的护国永寿普陀禅寺

而其中详细记录的明万历年间（1573～1620年）所建普陀山护国永寿普陀禅寺，可以引以为据，大略还原出这座明代皇家敕建寺院的基本面貌，使我们可以一窥这座明代普陀山寺院的完整格局与大致面貌。同时，也为普陀山上这组最为重要建筑群的前世今生之间，做了一个较为完整的接续。

（一）万历本《普陀山志》中的相关文献描述

据万历本《普陀山志》，卷二，"殿宇"条："敕建护国永寿普陀禅寺，在补陀山南，环山皆石骨，独寺趾沙坡平旷，前代

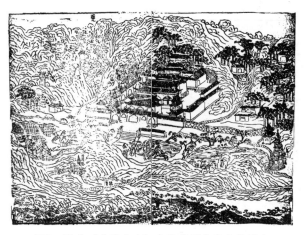

图3　明代《普陀山志》中的护国永寿普陀禅寺

废兴不一。万历二十六年毁。后三十年，敕御用监太监张随董建。随以旧基形局浅漏，辟迁麓下并改辰向为丙云，原名宝陀寺，尚仍宋赐。"其寺：

> 寺基，面阔七十八丈，进深五十三丈二尺。山门，面阔二十八丈八尺。山门三间九架，面阔五丈六尺，进深四丈。明间阔二丈，左右稍间各阔一丈八尺，高二丈五尺，甬道进深四丈。天王殿，五间，十一架，面阔九丈二尺，进深六丈六尺。明间阔二丈五尺，左右次间各阔一丈八尺。左右稍间各阔一丈八尺，高三丈八尺，甬道月台共进深九丈。圆通大殿，七间，十五架。面阔一十四丈，进深八丈八尺。明间阔二丈八尺，左右次间各阔二丈四尺，左右稍间各阔二丈。左右次稍间各阔一丈五尺。高五丈八尺，甬道四丈。藏经宝殿，五间，十三架。面阔九丈二尺，进深六丈八尺。明间阔二丈，左右次间各阔二丈，左右稍间各阔一丈六尺，高三丈八尺，甬道仪门共五丈。景命殿五间，九架。面阔九丈二尺，进深五丈。明间阔二丈。左右次间各阔一丈八尺，左右稍间各阔一丈六尺。高二丈八尺。伽蓝、祖师、弥勒、地藏四配殿。每殿三间，九架。各面阔五丈六尺，进深四丈，明间阔二丈，左右稍间各阔一丈八尺，高二丈四尺。配殿廊房，左右各二十五间，七架。廊房每间阔一丈四尺，进深三丈六尺，高二丈。天王殿左右廊房，各七间，七架。每间阔一丈四尺，进深三丈六尺，高二丈四尺。藏经殿左右廊房，各七间，七架。每间阔一丈四尺，进深三丈六尺，高二丈四尺。景命殿左右厢房，各三间，九架。每间阔一丈一尺，进深三丈六尺，高二丈四尺。景命殿左右群房，各十间，七架。每间阔一丈一尺，进深三丈六尺，高二丈四尺。仪门前左右廊房，各三间，七架。每间阔一丈，进深三丈六尺，高二丈四尺。仪门内露顶。左右各一间，七架。每间阔一丈，进深三丈六尺，高一丈八尺。钟鼓楼，二座。明间阔一丈五尺，左右间各阔一丈，高三丈八尺，周围各三丈。东西隙地各二十五丈[一]。

基于如上原始记录，我们可以将寺院内主要建筑物的相关尺寸列表（见后页表），从而大致得出一个用于复原研究的初步数据。

（二）关于文献描述的分析

依据这一记载，可以比较完整地再现这座明代寺院的平面。以1明尺

[一]［明］《普陀山志》卷二"殿宇"，华盛顿美国国会图书馆藏。

9

明代普陀山护国永寿普陀禅寺主要殿堂平面尺寸表

序号	殿堂名称	开间进深	明间	次间1	次间2	稍间	总面阔	总进深
1	圆通大殿	七间十五架	2.8丈	2.4丈	2丈	1.5丈	14丈	8.8丈
			8.96米	7.68米	6.4米	4.8米	44.8米	28.16米
2	天王殿	五间十一架	2.5丈	1.8丈	——	1.8丈	9.2丈	6.6丈
			8米	5.76米		5.76米	29.44米	21.12米
3	藏经宝殿	五间十三架	2.0丈	2.0丈	——	1.6丈	9.2丈	6.8丈
			6.4米	6.4米		5.12米	29.44米	21.76米
4	景命殿	五间九架	2.0丈	1.8丈	——	1.6丈	9丈	5丈
			6.4米	5.76米		5.12米	28.8米	16米
5	山门	三间九架	2.0丈	——	——	1.8丈	5.6丈	4丈
			6.4米			5.76米	17.92米	12.8米
6	伽蓝等四配殿	三间九架	2.0丈	——	——	1.8丈	5.6丈	4丈
			6.4米			5.76米	17.92米	12.8米

注：按1明营造尺＝0.32米推测

为今尺0.32米计。寺院寺基东西阔78丈，合249米，南北深53.2丈，合170.24米。但因两侧各有25丈当时尚未建造有建筑物的隙地，南面山门位置总面阔仅28.8丈，合92.16丈。寺院沿中轴线依序布置有山门（进深4丈），甬道深4丈，天王殿（进深6.6丈），甬道、月台（共深9丈），圆通大殿（进深8.8丈），甬道深4丈，藏经宝殿（进深6.8丈），仪门、甬道（共深5丈），景命殿（进深5丈）。将中轴线进深尺寸叠加：4+4+6.6+9+8.8+4+6.8+5+5＝53.2丈，恰好构成了寺院中轴线部分的进深总长度，且与文献记载中的南北总进深恰好相合。

寺院北端景命殿为方丈室，室前有仪门、露（盝）顶廊，两侧有厢房、廊房，形成一个方丈院。景命殿两侧各有群房10间。以景命殿五间面阔9丈，左右群房横置，每间1.1丈，总22丈计，寺基北部总宽：9+22＝31丈。这一宽度也限定了寺内中轴线两侧配殿、厢房、廊房的设置范围。寺基前部在山门、天王殿左右各有廊房七间，山门以内，廊房以里，设钟鼓楼。其宽度应以文献中所记录的南面山门位置的总面阔记，当为28.8丈。

所谓东西隙地各去25丈，是以寺基总宽78丈，山门处面阔28.8丈大约计算的。也就是说，严格意义上讲，两侧隙地应余49.2丈，均匀分布于两侧，则每侧实际不足25

丈。若以标准矩形寺基计，寺院北部总宽为31丈，两侧实余47丈。也就是说，寺院后部东西隙地亦不足25丈。但实际地形不会如此规整，故这里的隙地25丈应该只是一个大约的说法。

以寺址进深、山门处面阔，景命殿处面阔所限定的寺基范围，将天王殿两侧各七间的廊房，圆通殿两侧四座各三间的配殿，藏经殿两侧各七间的廊房，景命殿前仪门、露顶，及殿前两侧各三间的厢房、廊房布置进去。此外，寺两侧还有各25间的配殿廊房。以每间面阔1.4丈，总长35丈，几乎覆盖了寺基两侧南北方向2/3长度。故东西配殿廊房后墙，应为寺内建筑的东西界限。其后墙应与景命殿东西群房两尽端找齐。根据这一分析，可以基本绘制出明代普陀山护国永寿普陀禅寺的寺院平面（图5、图6），使我们一窥这座明代寺院的基本空间格局。

从复原推测图看，这是一座空间十分紧凑的寺院，其中轴线及两侧建筑配殿、廊房布局，与现存普陀山第一寺普济禅寺，在建筑与空间的基本格局上有许多相似之处，由此可以看出两者之间应该存在有一定的关联。

这里有一个问题是，相关历史图像资料中，将寺中天王殿与藏经殿都表现为重檐屋顶。而明代文献的记载中，并没有给出高度尺寸。因为寺院

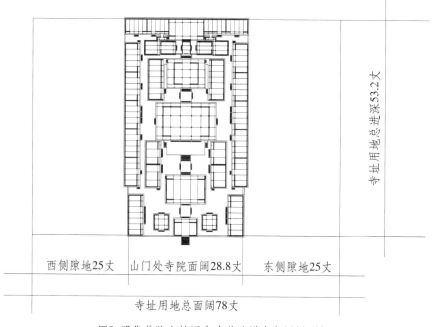

西侧隙地25丈　　山门处寺院面阔28.8丈　　东侧隙地25丈

寺址用地总进深53.2丈

寺址用地总面阔78丈

图5 明代普陀山护国永寿普陀禅寺复原(自绘)

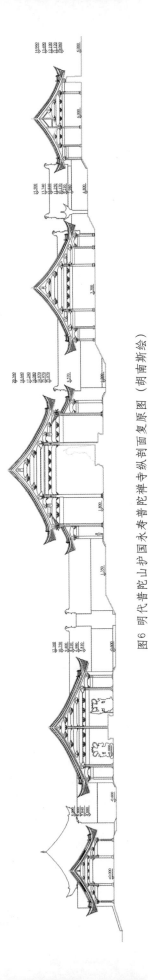

图6 明代普陀山护国永寿普陀禅寺纵剖面复原图（胡南斯绘）

山门　　　天王殿　　　圆通殿　　　藏经殿　　　景命殿

空间比较局促，前后殿堂之间的距离较近。若将这些建筑都表现为重檐屋顶，似显空间更为狭窄与拥挤，且实际建造中，天王殿、藏经楼与主殿之间似应有一个等级上的差异。因为本文的主要关注点是其寺院建筑的空间布局与建筑配置，并不十分着意于建筑物单体的原状形态，故这里的剖面复原，暂将这两座建筑按单檐殿堂绘制，以大略显示其寺院的空间形态，这里所绘剖面，并不代表这几座建筑物的真实剖面。这或也为今后的深入研究，留下了一定的空间。

按照这一平面图绘制的寺院建筑立面与剖面图，参照了在其旧址上重建的清代普济禅寺的立面与剖面样式，以使其与普陀山地方建筑的形式与做法相一致。但这却无法说明，明代时的护国永寿普陀禅寺，就是采用了这些形式与做法。因此可以说，这里的复原，主要还是停留在寺院的平面与规制之原状的再现上，并非是明代普陀山地方建筑的真实再现。如此做的依据也仅仅是因为，明清北方官式建筑之间在结构、造型与比例上的变异，相对于以往朝代而言比较微小。而明代许多南方建筑亦已显出地方化特征。故假设了明代南方地方建筑与北方官式建筑有明显差异，而与同一地区的清代地方建筑之间差异，却相对比较小。故而其剖面与立面的复原，是以这一假设为基础的。

【浅析物联网与古建筑的预保护】

——以保国寺文物保护中的应用为例

符映红·宁波市保国寺古建筑博物馆

摘　要：基于现代传感技术、网络技术、自动控制技术的物联网概念，正逐步成为我们实现文化遗产预防性保护的重要技术途径。现在古建筑的损坏原因有多种，但主要的危害是结构的损坏。利用物联网技术中的分布式光纤传感器（BOTDA）、光纤光栅传感器（FBG）等，完成对保国寺梁、柱、节点性能长期监测。光纤光栅传感器在古建筑，尤其是建筑遗产预保护中具有较强优势，其具有抗电磁干扰、不受温湿度影响、长距离、寿命长等优点，且体积小，不影响文物遗产结构外观，在建筑遗产预保护中具有很高的推广价值。一方面可以对古建筑所发生的病害进行及时预警，另一方面也可以通过科学数据的积累，建立环境变化对古建筑病害的影响模型，为修复措施的研究和实施提供依据。

关键词：物联网　预保护　监测

在社会与经济快速发展的当今世界，各国愈来愈重视本国的文化遗产，都将其视为维系文化传承、保持文化优势和特色的不可或缺的资源，文化遗产甚至已成为国家软实力的重要体现。

建筑作为实用性很强的文化载体，其生存和发展是与文化传统的传承和再生息息相关的。建筑文化是技术支撑下的观念表征，它以物质的形式肩负着不同时代的历史与文化意义，建筑的风格、形式、结构不仅是建筑师、规划师创作的产物，也是社会发展综合变量的产物。中国古建筑以其独特的营建技术、艺术风格和文化内涵，在世界建筑之林独树一帜，需加大保护与研究力度。

然而20世纪80年代以来，全球化加剧、旅游业发展、环境恶化等因素，致使文化遗产面临着更多威胁。在这种情况下，现代科学技术在文化遗产保护中的作用日益凸现，文化遗产保护理论和技术手段都随之发生着深刻的变化。预防性保护这一理念也正是在此背景下产生的。坚持现代科技与传统技艺相结合，是文物保护科技工作的重要方法。现代科技的引进

13

和应用，提高了不可移动文物保护的科技水平。通过长期监测、科学记录在各类风险因素影响下文化遗产的变化，以科学监测数据积累为基础，分析研究文化遗产的变化规律，制定和实施科学的保护控制措施，以达到主动的预防性保护。出现于20世纪90年代末，基于现代传感技术、网络技术、自动控制技术的物联网概念，正逐步成为我们实现文化遗产预防性保护的重要技术途径。

近十几年来，国际文化遗产保护领域也正是朝着这个方向发展，如遗产监测计划以及加强文化遗产安全方面的国家行动计划相继出台，很多文化遗产保护强国已普遍应用3S技术、信息化等高新科技手段，建立文化遗产监测、信息收集、信息处理的预防性保护管理系统等。

在我国，预防性保护同样受到国家文物主管部门的高度关注，逐步从政策、资金和技术等方面组织引导我国的遗产保护向主动的预防性保护方向发展。我国部分世界文化遗产和博物馆更是率先引入了物联网相关技术，探索通过有效监测和分析，实施预防性保护措施的新手段，并取得了良好效果。保国寺古建筑博物馆是较早引入预保护的博物馆之一。

保国寺位于浙江省宁波市北的灵山，1961年被国务院公布为第一批全国重点文物保护单位。保国寺是一组比较完整的有近百间房屋的建筑群，大殿是寺内现存最早的建筑，重建于北宋大中祥符六年（1013年），是现存长江以南保存最完整、历史最悠久的木结构建筑之一。保国寺大殿的价值不仅由于它的历史长久，而且在屈指可数的早期木构建筑中，就其保存的历史信息之丰富，特别是在印证《营造法式》方面，更是无与伦比。它所采用的木构技术，成为11世纪最先进、最有代表性的范例。这样的技术作法为建成90年后产生的中国第一部建筑典籍《营造法式》奠定了基础，其木构建筑的科学理念在书中得到提炼，在世界建筑史上闪烁着智慧的光辉。

保国寺大殿历经千年沧桑，不可避免地遭受了各种不同程度的残损，这些残损降低了建筑的质量，影响了建筑的寿命。近年来，先后对保国寺大殿一些损坏严重的部分进行了不同程度的维修和保护。为了能够更有效和预见性地做好文物保护工作，贯彻"抢救第一、保护为主、合理利用、加强管理"的文物保护方针，自2007年4月，保国寺古建筑博物馆开始构建针对文物建筑的保护监测系统，应用现代的计算机数字化信息技术，逐步对文物材质信息、结构受力状况及一些可能影响文物建筑的一些自然环境信息进行检查和监测。2012年在原有基础上，引入物联网技术。

一 保国寺文物建筑预保护情况介绍

1996年7月~2002年3月，保国寺与冶金工业部宁波勘查研究院合作采用经纬仪对大殿进行变形观测（主要是对大殿支柱进行坐标、投影和沉降测量）。

2003年，与国家林科院木材工业研究所合作对大殿木结构的材质状况进行了勘查，并提出修缮和保护的对策。

2005年，与同济大学建筑系合作使用三维激光扫描技术对大殿进行内柱变形测量，并初步得到相关数据。

2006年，与清华大学建筑学院合作再次使用三维激光扫描技术对大殿进行更为详细的梁架测绘，有关数据正在分析中。

2006年，保国寺古建筑博物馆自行采取温湿度手动监测。

2007年4月，开始构建保国寺文物建筑的保护监测系统，主要由文物建筑信息采集、信息管理分析和信息展示三个部分组成。采集的文物建筑信息包括文物建筑相关环境信息、文物建筑主要材质（木材）相关信息和文物建筑主要结构和构造相关信息。根据各个信息的特点及变化率，将信息采集频率可分为一次性测定、周期性检测、持续实时监测三种。

信息采集部分，先期建设的是环境信息中的温度、湿度、风速、风向、降水量的实时自动监测，以及对大殿结构关键部位的沉降与位移测量。其中温、湿度监测点分布于大殿的9处关键部位。沉降监测包括大殿所有柱子以及外墙，位移监测为大殿的四角与核心共8根柱子顶端与底部。

2008年12月，再次与林科院工业研究所合作，此次勘查对象主要是古建筑的大木构件，如柱、梁、檩、枋等；勘查内容包括木构件材质缺陷的识别、木构件的含水率和腐朽、虫蛀、开裂、垂弯的程度、部位、范围等及现场发现的一些其他有关情况；菌、虫是木构件的主要生物损害，也是对木结构安全威胁最大的一种损害，勘查中发现菌、虫活体标本时应做种类鉴定；主要大木构件取样做树种鉴定。2009年7月出勘查报告。

2009～2011年，与东南大学合作对大殿进行详细测绘和基础研究，2012年12月出版《宁波保国寺大殿——保国寺大殿勘查分析与研究》。

2012年，与浙江大学等单位开展物联网课题研究。

二 物联网技术简介

物联网（The Internet of things），概括地讲，"物联网就是物物相连的互联网"，即通过装置在各类物体上的射频识别（RFID）、传感器、二维码等，经过接口与无线网络相连，从而给物体赋予"智能"，可实现人与物体的沟通和对话，也可以实现物体与物体互相间的沟通和对话，这种将物体连接起来的网络被称为"物联网"。物联网被称为继计算机、互联

15

网之后世界信息产业发展的第三次浪潮，被视为互联网的应用拓展，新一代信息技术的重要组成部分。

物联网在文物保护中的应用有无线安防系统和文物保护监测系统。现有保国寺安防技术不是物联网的。由于古建筑文物的特殊性，在古建筑内布线既不美观，又存在安全隐患。为更好地保护文物，2012年初保国寺大殿保护监测系统逐步更改为物联网。物联网与古建筑的预保护主要应用于环境监测、结构检测，本文以保国寺古建筑博物馆所采用的物联网与古建筑的预保护为例，介绍如下。

（一）环境监测传感器

1. 温湿度传感器

WEMS-RHT无线环境温湿度传感器以全工业级产品设计为标准，配置低功耗高性能RF前端，适用于室内外环境测量记录，具有功耗低、传输距离远、外围接口丰富等特点，组网方式灵活，支持点对点星型网、树型网拓扑。为高精度环境温湿度采集设备，自带RTC，支持整网所有节点低功耗工作，独立LED指示，多种测量精度选择，最高精度支持±0.3ºC，±1.8%RH。集成数据存储器支持掉网后数据自动采集存储。

2. 地下水位传感器

采用BPY-800投入式液压变送器。投入式静压液位变送器是基于所测液体静压与该液体高度成正比的原理，采用扩散硅或陶瓷敏感元件的压阻效应，将静压转成电信号。经过温度补偿和线性校正。转换成4～20mADC标准电流信号输出。抗干扰能力强，传输距离远。备有防阻塞型设计，安装

简单，使用方便，互换能力强，高品质传感器的灵敏度高，响应速度快，准确反映流动或静态液面的细微变化，测量准确度高。具有电源反相极性保护及过载限流保护。

3. 五要素自动气象站

自动气象站由数据采集器、风向风速传感器、温湿度传感器、防辐射通风罩、太阳能电源、GPRS通信设备、设备防雷组件、10米风杆组成，用于温度、湿度、风速、风向、雨量五要素测量。

（二）结构检测

1. 结构应变的概念

木构件在承受外力作用下将产生变形，变形量的大小直接影响到结构的安全，结构变形量主要采用"应变"进行描述。研究对象被拉伸或压缩时，会产生伸长量 ΔL，伸长量 ΔL 和原长 L 的比值（$\Delta L/L$）即是所谓的伸长率（压缩率），称为"应变"。"应变"直接体现了结构在受力状态下的变形特征，因此可作为结构健康状态的重要参数之一。

目前测试结构应变的传感器种类较多，传统监测手段主要包括电阻应变片、钢弦应变计等，但将上述传感器应用到文物结构健康监测过程中存在一定的自身缺陷。传统传感器体型较大且只能进行点式监测，因此将其集成到文物结构健康监测系统时，存在影响文物美观、需要大量传输导线等缺点。本文采用的光纤传感器克服了传统传感器的技术缺陷，可现实一根传输导线集成多个传感元件，且传感器体积非常小，可实现文物结构表面的无损布设。

2. 光纤传感技术简介

（1）光纤简介

光纤是光导纤维的简称，其主要结构包括纤芯、包层、涂覆层及护套层，纤芯直径一般为5～75 μm；包层为紧贴纤芯的材料层，其光学折射率稍小于纤芯材料，其总直径一般为100～200 μm；涂覆层的材料一般为硅酮或丙烯酸盐，用于隔离杂光；护套材料一般为尼龙或其他有机材料，用于增加光纤的机械强度，起到保护光纤的作用。光纤种类较多，其中紧套光纤是将塑料紧套层直接加工在光纤涂覆层外，涂覆层以内的结构与包层不发生相对移动，该类型光纤一般用以应变传感。用以集成保国寺结构健康系统的光纤传感器为900 μm的紧套光纤，应变信号的采集采用了分布式光纤传感技术（瑞士Omnisens公司的DiTeSt型BOTDA传感器）和准分布式光纤传感技术（美国MOI公司的SM125型FBG传感器）。

（2）分布式光纤传感技术（BOTDA）

分布式光纤传感技术的光纤即是传输光纤，也是传感元件，通过测试分布式光纤中布里渊散射光的中心频率改变实现结构应变和温度检测。其简要测试原理如式所示，

$$v_B(\varepsilon,T) - \frac{dv_B(T)}{dT}(T-T_0) = v_B(0) + \frac{dv_B(\varepsilon)}{d\varepsilon}\varepsilon$$

式中，$v_B(0)$ 为初始应变、初始温度时布里渊频率频移量，$v_B(\varepsilon,T)$ 为在应变 ε、温度 T 时布里渊频率漂移量，$dv_B(T)/dT$ 为温度比例系数，$dv_B(\varepsilon)/d\varepsilon$ 为应变比例系数，$T-T_0$ 为光纤温度差；ε 为光纤应变变化量。瑞士Omnisens公司的DiTeSt型BOTDA传感系统可直接输出光纤沿线各采样点的应变和温度值。

（3）FBG光纤光栅传感器

光纤光栅（Fiber Bragg Grating）传感器是属于波长调制型光纤传感器，当光栅周围的温度、应变、应力或其他待测物理量发生变化时，将导致光栅周期或纤芯折射率发生变化，从而产生光栅Bragg信号的波长位移，通过监测Bragg波长位移情况，即可获得待测物理量的变化情况，

$$\Delta\lambda_B = \lambda_B(1-P_e) = k_\varepsilon\Delta\varepsilon$$

P_e 为光纤的弹光系数，为定值；k_ε 为应变 ε 引起的波长变化的灵敏度系数，其值由光纤光栅厂家提供。美国MOI公司的SM125型FBG传感器系统可直

接输出各个光纤光栅传感器的应变值。

FBG光纤光栅传感器具有稳定性好、抗电磁干扰、准分布、体积小、精度高等优点，钢管封装后可有效抵抗机械破坏；相比于FBG光纤传感器，分布式光纤传感技术（BOTDA）不仅具有光纤类传感器共同优点外，还可实现分布式、长距离监测（最长距离可达100千米），可方便地实现保国寺整体应力应变的实时监测。同时，BOTDA技术应变传感光纤采用普通单模通信光纤，具有监测传感光纤成本低的优势，然而，应用时需设计精细的施工工艺以保证传感器光纤存活。

3. 振弦式传感技术

以拉紧的金属弦作为敏感元件的振弦式传感器。当弦的长度确定之后，其固有振动频率的变化量即可表征弦所受拉力的大小，通过相应的测量电路，就可得到与拉力成一定关系的电信号，振弦的固有振动频率f与拉力T存在线性规律。振弦的材料与质量直接影响传感器的精度、灵敏度和稳定性。目前，鉴于钨丝稳定性能、高硬度、熔点高和抗拉强度好等特点，已成为振弦传感器的主要传感元件。振弦式传感器由振弦、磁铁、夹紧装置和受力机构组成，振弦一端固定、一端连接在受力机构上，测试结构应变。

三 保国寺物联网监测系统的构建

我国的古建筑以木结构体系为主，它风格灵活、布局合理、体量适宜、装饰精巧，在世界上享有极高的盛誉。但是木材作为一种生物材料，本身也存在着天然的缺陷，主要是易燃、易腐、易蛀。而古建筑的损毁大多缘起于木结构的损坏。古建筑相比于新建或服役状态下的工程结构，其结构自身往往已经不再能承受人为活动荷载的作用，可能引起结构破坏的主要原因包括构件材料性能退化（如白蚁、木材腐烂等）、遭遇灾害性天气（台风、梅雨、暴雨、地震）以及修缮过程的意外荷载等。因此，文物结构健康监测系统在实时监测方面要求较低，但其对传感器布设等方面要求较高，需重点考虑传感器安装对文物表观的影响。传感器选择方面要求体型小、方便装卸、连线简便、无强电介入等技术要点，本文针对上述指标对传感器研制、安装、调试等方面进行了改进，以适应保国寺的结构监测需求。

温湿度监测分布于大殿9处，1号监测点位于大殿内东南角，2号监测点位于大殿南侧中间外檐之下（可作为室外温度参考），3号监测点位于大殿内中间近脊檩处，4号监测点位于大殿内东侧中部，5号监测点位于大殿内东北角，6号监测点位于大殿内北侧，7号监测点位于大殿内西北角，8号监测点位于大殿内西侧中部，9号监测点位于大殿内西南角。12号监测点位于室外。12号监测点数据由自动气象站获得。气象站安装在大殿外西南处，围墙内一处空旷的地方，风速风向传感器位置高于大殿屋脊。投入式液压变送器安放在大殿前平台中的一口井内。这些传感器监测是实时的。

在殿内埋设了5组FBG传感器，其中4组布设于叠合梁侧面（西侧主梁），1组布设于斜撑底部。在梁柱节点、斜撑以及昂节点上

18

设置了多个振弦式传感器。光纤合计约500米长，共有应变采样点5000个，覆盖了大殿主要的梁、柱结构。

四 监测结果分析

（一）环境监测结果分析

经过监测，大殿的最高温度由2号监测点测得。其最高温度可达39.4℃；最低温度有12号监测点测得，最低温度可达-3.4℃。殿内外温度不同，大殿内部的温度分布也不均匀。最高湿度可达100%，经常保持较高的湿度；最低湿度可达10%。大殿内部的湿度分布也并不均匀，内部跟外部也不同。

（二）结构应变监测结构分析

分别于2012年6月和8月对保国寺进行灾害天气下结构应变监测，6月进入梅雨季，经历了近一个月的降雨，项目组于6月底7月初对经历梅雨季节后的结构健康进行检测。8月7~9日，台风"海葵"直接登入浙江省宁波市，项目组采用FBG对保国寺进行了实时监测，评估台风对保国寺结构的影响。

安装于大殿的应变监测系统能否感应荷载变化是评估结构健康监测系统有效性的重要依据。由于上部的昂、斗拱所处位置较高且材质损伤明显，鉴于安全性考虑未对其进行人工加载，最后选定下部梁作为研究对象，对其进行加载试验。

1. 梅雨影响分析

获取的监测结果多，由评估结果可知，梅雨季节对保国寺的结构健康状态不存在显著影响，期间主要是温度变化引起的结构变形。主殿正门的瓜棱柱以及主梁受室外环境因素影响较大，选取一榀作为监测对象，该监测数据包含了两个柱子及一根梁，其不同时刻的监测应变如图1所示。

由图1曲线可知，南柱各段应变处于±40 $\mu\varepsilon$之间，由于BOTDA存在约±20 $\mu\varepsilon$的测量误差，因此其值应该较测试值小。各段曲线相似度较高，说明柱子应变随时间变化较小，温度高的时间点相对温度低的时间点柱子应变略有增加，但变化不大。当时间到达次日上午8:00时，相对于前一日上午8:00，应变基本处于0附近，说明保国寺柱子的恢复性能较好。随着温度的升高而压缩。下午最大压应变可以达到80~90 $\mu\varepsilon$，梁柱应变变化较为相

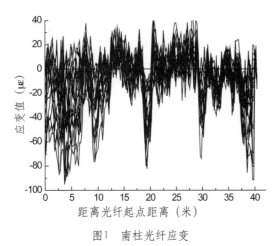

图1 南柱光纤应变

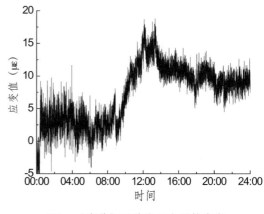

图2 "海葵"登陆当天上梁拉应变

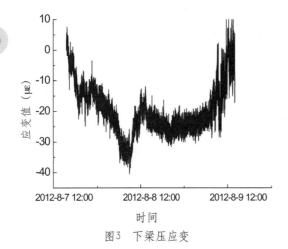

图3 下梁压应变

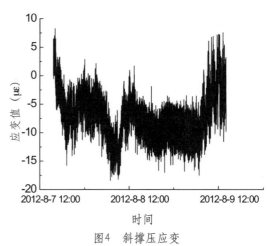

图4 斜撑压应变

似，说明该榀结构整体性较强，其变形具有一致性。

2. 台风对保国寺的影响分析

2012年第11号热带风暴"海葵"于2012年8月5日17时进入我国东海东部海面，中心附近最大风力有10级（28米/秒）。8日凌晨登陆浙江。为评估保国寺在台风"海葵"下的影响，2012年8月7～9日，项目组采用FBG对保国寺进行了实时监测，鉴于台风期间外出作业存在一定危险，本次检测仅采用便于携带且可以实时运行的光纤光栅传感器（FBG）进行监测。部分检测结果如图2～图4所示。

测试结果可以看出，组合梁以及斜撑在

台风登陆宁波期间出现了较大应变变化。采用试验员进行加载时，仅仅产生10 με左右，而此次台风影响产生了约20～40 με，说明台风对其影响较大。由监测数据可知，8月8日整天的监测数据表明，在8点至12点各位置FBG传感器均存在显著的应变突变，而该段时间并无人员扰动，其值完全由台风引起的。结果还表明，台风过后，结构应变基本恢复至原先状态，说明保国寺大殿抵住了"海葵"的破坏。

五 物联网与古建筑预保护的展望

现在古建筑的损坏原因有多种，但主要的危害是结构的损坏。物联网技术中的分布式光纤传感器（BOTDA）、光纤光栅传感器（FBG）等，完成保国寺梁、柱、节点性能长期监测。光纤光栅传感器在古建筑，尤其是建筑遗产预保护中具有较强优势，其具有抗电磁干扰、不受温湿度影响、长距离、寿命长等优点，且体积小，不影响文物遗产结构外观，在建筑遗产预保护中具有很高的推广价值。

前期梅雨季节和台风"海葵"的监测结果表明，安装的结构监测系统对识别保国寺的结构响应有显著效果。鉴于保国寺的长期安全性，建议考虑安装更为系统的结构监测系统，并建立保国寺有限元模型。通过在极端环境及其结构响应修正有限元模型，获取精确的保国寺有限元模型，并利用该模型对保国寺进行仿真分析，从而评估保国寺稳定性。

在完善结构监测系统的前提下，逐步完善保国寺的安防系统，特别是火灾预防方面，利用无线传感器网络实现火灾报警，不需布线，不会对古建筑造成破坏。而且应用形式更加灵活，系统安装更加方便、快捷，且安装成本更为低廉。采用物联网技术，建立古建筑的远程监测系统，可以实现对古建筑所处的微环境和大气、土壤、水分等自然环境的长期连续监测，对古建筑的结构形变、白蚁等病虫害发展情况进行长期监测，一方面可以对古建筑所发生的病害进行及时预警，另一方面也可以通过科学数据的积累，建立环境变化对古建筑病害的影响模型，为修复措施的研究和实施提供依据。

参考文献：

［一］ 路杨、吕冰、王剑斐：《木构文物建筑保护监测系统的设计与实施》[J]，《河南大学学报》，2009 年第 3 期，第 329～330 页。

［二］ 毛江鸿、何勇、金伟良：《基于分布式传感光纤的隧道二次衬砌全寿命应力监测方法》[J]，《中国公路学报》，2011 年第 2 期，第 77～82 页。

［三］ 蔡德所：《光纤传感技术在大坝工程中的应用》[M]，中国水利水电出版社，2002 年版。

［四］ Kwon I—B, Kim C—Y, Choi M—Y：《Distributed strain and temperature measurement of a beam using fiber optic BOTDA sensor》[J]，Proc SPIE, 2003, 5057：486—496。

［五］ 符映红、毛江鸿：《光纤传感技术在保国寺结构健康监测中的应用》[J]，《东方建筑遗产》2012 年卷，文物出版社，2012 年版。

【天一阁历史建筑文化特色和价值谫论】

干彬波·天一阁博物馆

摘　要：天一阁作为宁波市重要的文化象征和地域标志，集聚了大批自明以来的优秀历史建筑。通过对这一独特区域建筑的调查研究，从建筑文化特色和价值两方面进行总结分析，为天一阁建筑文化的传承和发展，为天一阁、月湖历史文化街区、宁波乃至国内同类历史建筑的保护提供借鉴。同时还可以为弘扬宁波历史，发展对外文化交流和旅游事业提供史料。

关键词：天一阁　历史建筑　文化特色　价值

23

"书藏古今"——从四万多条口号中脱颖而出，被选为宁波城市文化形象口号，可见天一阁在宁波人心目中的地位。

从1566年建成天一阁到2011年建成古籍库房，天一阁由私人藏书楼逐步演变成综合性博物馆，占地面积从新中国成立初期的2700平方米扩大为今日的3万平方米，保存了大量的明、清、民国年间的建筑和一批近、现代仿古建筑。这些建筑是在保持天一阁风貌整体和谐的基础上，不同年代、不同历史条件下逐渐迁移归整或规划新建的，不同时期的建筑与绿化、假山、长廊、水池、碑林、亭子等园林元素组建了不同的院落，各院落又相互融合贯穿，形成了天一阁目前的四区组合：藏书文化核心区——以天一阁为中心，包括东明草堂、范氏故居、尊经阁、西大门、司马第、范氏余屋、千晋斋、天一街5号、天一街8号、抱经厅和北书库；园林休闲区——包括东园和南园（水北阁、百鹅亭、林泉雅会馆、凝晖堂）；藏书文化延伸区——以秦氏支祠为中心，包括陈氏宗祠、闻家祠堂、书画馆（状元厅、门厅、云在楼、南轩、昼锦堂、画帘堂、画雅堂、博雅堂）；典藏区——即新建的古籍库房区（详见下页建筑调查表）。

天一阁建筑调查表

区域	房屋名称	建筑面积（平方米）	概述	形式	脊高（米）
藏书文化核心区	天一阁	467	明嘉靖四十五年（1566年）建成，现存建筑在民国二十三年（1934年）落架大修，装饰部分修改较大。	小青瓦重檐硬山顶二层砖木结构建筑。坐北朝南，面阔六间，进深四间，山墙为观音兜样式，梁架为穿斗式和抬梁式相结合。	8.73
	尊经阁	173	原为宁波府学的建筑之一，是贮藏四书五经的地方。明州学始建于唐，宋天禧二年（1018年）郡守李夷迁郡学于今中山广场所在地。尊经阁累毁累建，现存建筑系清光绪九年（1883年）重建，民国二十四年（1935年）迁至天一阁北。	筒瓦三檐歇山顶二层砖木楼阁式建筑。坐南朝北，面阔三间，进深四间，梁架为穿斗式和抬梁式相结合。	11.68
	范氏故居	411	清道光年间建筑，原址为范氏东厅，1953年征购并修缮。	小青瓦重檐硬山顶二层砖木结构建筑。坐北朝南，面阔四间，梁架为穿斗式和抬梁式相结合。	7.89
	千晋斋	111	民国二十四年（1935年）尊经阁西墙边筑小屋两楹，名"千晋斋"，收藏马廉所赠晋砖。本建筑1959年新征购，1993年修葺。	小青瓦单层硬山顶砖木结构建筑。坐北朝南，面阔五间，梁架为穿斗式和抬梁式相结合。	5.23
	司马第	94	原址为明范宅门厅，1996年从别处拆迁同类建筑建成。	小青瓦单层硬山顶砖木结构建筑。坐北朝南，面阔五间，梁架为穿斗式和抬梁式相结合。	5.18
	西大门	66	1979年，从西河街观音寺台门建筑迁建于此。原建筑建于清道光十三年（1833年）。	小青瓦单檐硬山顶单层砖木结构建筑。坐东朝西，面阔三间，山墙为马头墙样式，梁架为穿斗式和抬梁式相结合。	6.1

区域	房屋名称	建筑面积（平方米）	概述	形式	脊高（米）
藏书文化核心区	东明草堂	98	原址为明范宅的中厅和主客堂，建于清道光十三年（1833年），1979年从西河街观音寺殿堂建筑迁建于此。	小青瓦单层硬山顶砖木结构建筑。坐北朝南，面阔四间，梁架为穿斗式和抬梁式相结合。	6.76
	范氏余屋	160	明代建筑，清代修缮，1996年整修。	明末基址，坐北朝南。六间一弄，进深五间，后墙大部分为明代原物，即原东明草堂照壁墙，1996年修复。小青瓦单檐硬山顶建筑。梁架为穿斗式和抬梁式相结合。	4.98
	抱经厅	181	1998年，原清乾隆年间藏书家卢址家的大厅迁建改造而成。卢氏抱经楼建于清乾隆四十二年（1777年），迁建天一阁后，改名抱经厅。	筒瓦单檐歇山顶单层砖木结构建筑。坐北朝南，面阔三间，石柱围廊，梁架为穿斗式和抬梁式相结合。	6
	北书库	980	第二代藏书楼，1976~1981年建，由宁波市建筑设计院设计，宁波市建筑一公司承建。	小青瓦重檐硬山顶三层钢筋混凝土结构仿古建筑。坐北朝南，面阔十间，山墙为马头墙样式。	12.9
	天一街5号	695	清末民初建筑，原中营街44号，1998年划归天一阁，藏书家杨容邻曾在此居住过。	坐西朝东，小青瓦重檐硬山顶二层砖木结构建筑。五间二弄二厢房，山墙为巴洛克式带肩观音兜防火墙。梁架为穿斗式和抬梁式相结合。	9.21
	天一街8号	425	清末建筑，1998年接收，作为扩展天一阁碑林和绿化之用。	坐西朝东，小青瓦重檐硬山顶二层砖木结构建筑。五间二弄，山墙为巴洛克式带肩观音兜防火墙。梁架为穿斗式和抬梁式相结合。	8.02

25

壹·遗产论坛

（续）

区域	房屋名称	建筑面积（平方米）	概述	形式	脊高（米）
园林休闲区	水北阁	375	1997年迁建，原在城西草堂故址（宁波亭六巷2号），清同治三年（1864年）建筑，为徐时栋的藏书楼，1999年辟为中国地方志珍藏馆。	小青瓦重檐硬山顶二层砖木结构建筑。坐西朝东，面阔五间，进深六间加前后单步廊，梁架为穿斗式和抬梁式相结合。	7.86
	百鹅亭	13.52	石构建筑，明万历年间的遗物，原在南郊祖关山上，为郑氏墓道祭祀建筑，1959年迁于此。	四方石亭，结构精巧，石额枋刻有"鱼跃龙门"、"双狮戏球"、"海马跃浪"、"麒麟招宝"等图样。	屋面高3.7米
	林泉雅会馆	152	1986年，由江北解放桥塂的宁波市机械工业学校内的清张公祠的门厅迁建改造而成。	小青瓦单檐硬山顶单层砖木结构建筑。坐北朝南，面阔五间，山墙为马头墙样式，梁架为穿斗式和抬梁式相结合。	6.88
	凝晖堂	175	1986年，由江北解放桥塂的宁波市机械工业学校内的清张公祠的大殿迁建改造而成。	筒瓦单檐歇山顶单层砖木结构建筑。坐北朝南，面阔三间，石柱围廊，过垄脊，梁架为穿斗式和抬梁式相结合。	7.58
藏书文化延伸区	闻家祠堂	180	明闻氏宗祠，清光绪年间重建。	由山门、天井和正屋组成。小青瓦单檐硬山顶单层砖木结构建筑。坐北朝南，面阔三间，梁架为穿斗式和抬梁式相结合。	最高脊高8.04米
	陈氏宗祠	604	清道光年间建筑，原为明闻家花园，闻渊的后裔闻孔彰在此修建过"闻园"。后做马衙街镇明纸盒厂厂房，1985年12月30日划归天一阁，1995年耗资72万修缮。	共三进，由山门、平和堂、德和堂及前后天井组成。小青瓦单檐硬山顶单层砖木结构建筑，马头墙样式。坐北朝南，面阔五间，梁架为穿斗式和抬梁式相结合。	最高脊高8.63米

区域	房屋名称	建筑面积（平方米）	概述	形式	脊高（米）
藏书文化延伸区	秦氏支祠	2165	1923~1925年耗资20万银元建造。1991~1994年修缮，2001年，秦氏支祠被国务院批准为第五批全国重点文物保护单位。	南北中轴线上共三进，主要由门厅（连戏台）、享堂、寝堂和左右厢房组成。小青瓦硬山顶砖木结构建筑群。马头墙样式。坐北朝南，面阔七间，梁架为穿斗式和抬梁式相结合。	最高脊高9.8米
	状元厅	226	清咸丰年间建筑，原为孝闻街甬上状元章鋆家大厅，1996年迁建于此。	坐北朝南，面阔五间，小青瓦单檐硬山顶建筑。梁架为穿斗式和抬梁式相结合。	7.53
	门厅	203	清光绪年间建筑，原为西门外箍墙巷赵宅大门倒座厅，1996年迁此并改为门厅。	坐北朝南，面阔五间，小青瓦单檐硬山顶建筑。梁架为穿斗式和抬梁式相结合。	7.05
	书画馆	1918	1994~1996年，中国建筑技术研究院建筑历史研究所设计，根据江南，尤其是浙东文人的禅学意境，以黑、白、灰三色为基调，取明代江南民居的左、中、右三轴院落布局，组成主次分明、层层递进的空间组织序列。建设单位有东阳建筑公司、鄞县第三建筑公司和天一阁古建筑队。	中轴线上由门厅、状元厅、云在楼组成，西侧由南轩、昼锦堂、画帘堂、画雅堂和博雅堂组成。小青瓦重檐硬山顶钢筋混凝土结构仿古建筑。坐北朝南，面阔五间，山墙为观音兜样式。	10.4
典藏区	古籍库房	3542	第三代藏书楼，2008~2011年建。代理、代建单位：宁波国际投资咨询有限公司；监理单位：宁波金恒建设工程监理有限公司；设计单位：浙江大学建筑设计研究院；建设单位：宁波住宅集团工程公司总承包	共二层，钢筋混凝土框架结构，采用钻孔灌注桩基础。核心古籍库房功能区位于中轴，由三进各二幢硬山顶建筑构成。	最高脊高9.79米

27

现将天一阁发展历程中的建筑文化特色和价值加以总结分析，归纳如下：

一 建筑文化特色

（一）"天一阁"意境深邃的命名及各楼、厅、堂的取名

范钦因《周易·系辞》"天一生水于北……地六成水于北，与天一并，合其天一、地六之象"，取其以水制火之意，以保阁、书永存。天一阁内各楼、厅、堂的取名有与范钦相关的东明草堂、范氏故居、司马第；有以本地历史著名藏书楼命名的昼锦堂、画帘堂、博雅堂、云在楼、南轩；还有以明代的诗社林泉雅会馆命名等等，这些命名皆与书、读书、藏书相关，可谓藏书文化的另一种载体。

1935年迁建宁波府学藏书楼——尊经阁，建成明州碑林。1959～1986年，在天一阁东一墙之隔建成东园，东园是一座以文物为主，园林衬托文物、为文物服务的藏书文化气息浓郁的文人墨客休憩汇集之地。1997年将浙东藏书家徐时栋建于同治三年（1864年）的藏书楼迁建，构建了南园，1999年辟为"中国地方志珍藏馆"。南区三座古祠堂和1996年新建的天一阁书画馆，以书画展览等展陈方式承袭着藏书文化的根脉。

（二）"天人合一"、"崇尚朴实"的儒家特征

范钦将天一阁选址于历史文化积淀深厚的月湖景区，所体现的和谐统一，是对"天人合一"的理想追求。加之范钦崇尚朴实，反对奢侈和浪费，所以藏书楼构架简单、牢固，建筑等级较低，选材因地制宜，外观轻巧，形象朴实，体现了范钦回乡后隐逸内敛的心境。

（三）名家名诗名墨

"烟波四面阁玲珑，第一登临是太冲。玉几金峨无恙在，买舟欲访甬句东。"[一]至今已有几十位名家登过天一阁藏书楼并留下墨宝，这些书、题作品制作的景题、匾额、楹联抱对与天一阁历史环境融为一体，起到了寄情、写景、象征、咏史、点题、寓意等作用。如西大门挂有著名国画大师潘天寿所书"南国书城"匾额，著名书法家顾廷龙先生钟鼎文楹联抱对"天一遗形源长垂远，南雷深意藏久犹难"；当代大家郭沫若所书的楹联抱对"好事流芳千古，良书播惠九州"等等，单天一阁就挂有两块匾额和八对楹联抱对。

（四）藏书文化一脉相传

范钦藏书多达七万余卷，至新中国成立初期，仅余1.3万多卷，通过后人的捐赠、移交和购入等方法，现藏各类古籍近30万卷，其中珍椠善本达八万卷。为了容纳和管理好这些古籍，在保证整体风貌协调的基础上，沿袭了第一代藏书楼天一阁的形制，运用当时代的新材料、新科技，在1976～1981年建造了第二代藏书楼——北书库，2008～2011年又建造了第三代藏书楼——古籍库房，通过采用更科学的手段保证古籍生命的延续。

（五）植物配置的寓意与藏书文化相融合

从范钦建造天一阁之初环植竹木始，竹类成为天一阁各院落植物配置中不可缺少的重要元素。天一阁现有各类竹面积约250平方

28

米，品种有孝顺竹、凤尾竹、青皮竹、佛肚竹、淡竹和紫竹。"未出土时先有节，及凌云处尚虚心"（唐伯虎《竹画诗》）。竹，空心有节，喻为有气节、正直、虚心的君子，成为文人士大夫的精神寄托。

天一阁的乔木以宁波的市树——香樟树为主，唯一的一株一级保护古树就是天一阁前假山后的香樟树。樟，谐音"壮"也，是四季常绿、枝叶茂盛、具有独特气味的芳香类乔木，有驱虫防蛀作用，是人们心目中避邪、长寿、吉祥如意的风水树，寓意着天一阁的藏书绵延不绝。桂花树，桂，谐音"贵"也，是中国十大名花之一，寓为仕途通达。还有借花木特性来喻人品的岁寒三友——松、竹、梅和四君子——梅、兰、竹、菊等，烘托了天一阁"花香融书香"的特殊寓意。

二　建筑价值

（一）历史价值

天一阁博物馆现有天一阁和秦氏支祠两处全国重点文物保护单位。天一阁至今已有四百五十多年的历史，是中国现存最早的私家藏书楼，也是世界现存最久的三座私家藏书楼之一，天一阁至今仍保存着建阁之初的形制。

范钦建成天一阁后，就在防火、防水、防虫蛀霉变、防流散等多方面制定了家规制度，范氏后人十三代一直严格执行并不断补充有关藏书管理的制度，坚持藏书归子孙共同所有，共同管理。子孙各房相约，凡阁门和门橱门的锁钥分房掌管，非各房齐集，不得开锁。据载，道光九年（1829年），订立过管理细则就有十一条，如"烟酒切忌登楼"、"子孙无故入阁开门者，罚不与祭三次"、"私领亲友入阁及擅开书橱者，罚不与祭一年"……保证了天一阁藏书"代不分书，书不出阁"。这种仅供阅览，不得外借的管理制度，得到后世公私藏书楼的效仿。

乾隆皇帝《御制文源阁记》载"藏书家颇多，而必以浙之范氏天一阁为巨擘，因辑《四库全书》，命取其阁式，以构庋贮之所。"命各地仿照天一阁的形制和书橱样式兴造了"四库七阁"。天一阁成为皇家藏书楼的典范，从此，民间也纷纷仿效，如卢址抱经楼、甘福的津逮楼、呈引荪的测海楼等。2007年，天一阁还被美国建筑师复制到了罗得岛大学的孔子学院内。

康熙十二年（1673年），著名思想家黄宗羲作为第一个外姓人登楼，不仅阅读了藏书，还对天一阁的藏书进行整理和编目。从此，天一阁藏书

[一] 虞浩旭:《历代名人与天一阁》，宁波出版社，2001年12月版，第9页。

29

有选择地向著名学者开放，至今已有多位学者、名人参与天一阁和天一阁藏书的保护和传承。

与天一阁一并被国务院批准为国家重点文物保护单位的尊经阁和水北阁、抱经厅、凝晖堂、林泉雅会馆、状元厅、西大门、东明草堂、司马第、南大门、秦氏支祠、闻氏支祠、陈氏宗祠等多座具有宁波历史文化风貌和地方特色的古建筑汇聚天一阁，形成了天一阁目前独特的历史建筑群格局。尊经阁原是宁波府学藏书楼，是贮藏经籍之所。屡毁屡建，现存建筑为清光绪九年（1883年）

1935年天一阁藏书楼重建落成（天一阁档案室提供）

天一阁现状

重建，1935年迁建至天一阁北。一公一私两座藏书楼南北映衬，三檐歇山顶的尊经阁把天一阁映衬得更低调、朴实。

（二）科学价值

天一阁是藏书文化的实物形象，独特的设计理念、形制特征和书橱设计、位置摆放以及书橱下放英石和书橱中放芸草等都体现了当时的科技水平，反映着当时宁波的政治、经济、文化、宗教信仰、教育、生活习惯、审美观点等历史信息。天一阁是藏书文化的物质载体，已成为古代藏书文化研究的重要对象，对天一阁历史建筑及其环境的研究还能反映我国藏书文化的发展历程。天一阁藏书中有很大一部分是明代的刻本和钞本，尤以明代地方志和科举录最为珍贵，其中不少已是海内孤本，具有重要的文物价值和史料价值，是明代历史研究的珍贵文献资料。

（三）艺术价值

天一阁内历史建筑匠心独运朱金木雕、砖雕、石雕、拷作、灰塑等作品各具特色，其中朱金木雕工艺已被评为第一批国家级非物质文化遗产。天一阁的匾额、楹联、碑石等汇集了多位名人、大师赞美、感叹的撰文、诗词，留下了多位书法名家的手迹，构成了一幅幅珍贵的艺术品。天一阁的园林皆以建筑为主景，通过山水亭台、花木叠石的点缀组合，共同构建和烘托了藏书文化为特色的古典园林环境。

三 结 论

　　天一阁作为宁波重要的文化象征和地域标志，周围集聚了大批自明以来的优秀历史建筑。对这一独特的区域建筑的研究，不仅使天一阁的建筑文化得以传承和发展，文化建筑的寿命得以延长，而且为天一阁的发展保护、月湖历史文化街区和宁波古建筑的保护以及国内同类建筑的保护提供了借鉴，同时为弘扬宁波的历史，发展对外文化交流和旅游事业提供史料。

31

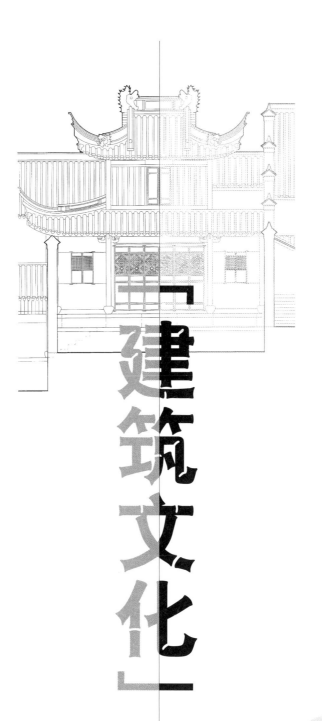

「建筑文化」

贰

【家族源流的立体史册】

——宁波传统祠堂的文化特色与建筑特征

郑　雨：宁波市保国寺古建筑博物馆

摘　要：祠堂，是族人祭祀祖先或先贤的场所，是我国乡土建筑中的礼制性建筑，是乡土文化的根，是家族的象征和中心。祠堂文化既蕴涵淳朴的传统内容，也埋藏深厚的人文根基，它涵盖有祠堂、祠产、祠约、祠堂建筑规制、祠堂陈列格式、祭祀礼仪，以及宗谱家乘、行派世系、传记事略等广泛领域，是中国重要的传统文化组成部分。我国幅员辽阔，不同的地域，其地理环境、历史、文化、信仰、习俗、观念等也大不相同。宁波的传统祠堂体现了宁波当地的社会特征和风俗民情，是宁波人千百年来长期经验总结和智慧的结晶，具有浓郁的地方特色。本文主要通过多年来对宁波传统祠堂的调查、研究、分析的基础上，来概括、提炼出宁波传统祠堂的文化特色与建筑特征。

关键词：传统祠堂　文化特色　建筑特征

在我国古代封建社会里，家族观念相当深刻，多建立自己的家庙祭祀祖先。这种家庙一般称作"祠堂"，其中有宗祠、支祠和家祠之分。"祠堂"这个名称最早出现于汉代，当时祠堂均建于墓所，曰"墓祠"；南宋朱熹《家礼》立祠堂之制，从此称家庙为"祠堂"。当时修建祠堂有等级之限，民间不得立祠。到明代嘉靖"许民间皆联宗立庙"，后来逐步变成做过皇帝或封过侯的姓氏才可称"家庙"，其余称"祠堂"。

宁波在新中国成立前，不管城区、农村和山区普遍建有祠堂。新中国成立后由于历史原因和旧城改造、建设等原因，祠堂大多被拆除，祖宗牌位及藏于其中的家谱等皆被焚烧破坏，只有少数祠堂由于位置偏远，或改做学校、粮仓使用等原因，得以保存，显得弥足珍贵。根据对宁波现存老祠堂进行调查研究，总的来讲，祠堂建筑一般强调伦理道德、儒家耕读为本、亲仁孝悌、科举功名，人丁兴旺之理念，其形制、雕刻、彩绘内容大多以此为主题；从平面布局看，祠堂采用中轴对称的建筑格局，充分显示出父子、君臣伦理教化的特征；其院落式的建筑形制，把"四水归堂"的风水文化，融入到祠堂的建筑模式。祠堂建筑一般都比民宅高大、庄严，越有权势和财势的家族，他们的祠堂往往越讲究，高大的厅堂、精致的雕饰、上等的用材，成为这个家族光宗耀祖的一种象征。

一

宁波现存传统祠堂大多建于明清和民国时期，这些建筑风格多样，各具特色，代表了历史时期江南水乡山乡的传统风貌，具有浓郁鲜明的地方特征。

（一）建筑功能多样，突出崇宗祀祖

从功能上讲，祠堂主要是族人祭祀祖先或先贤的场所，正厅设神龛供祖宗牌位。有的除了"崇宗祀祖"之用外，也作为各房子孙办理婚、丧、寿、喜等事时的活动之用。另外，祠堂也是族长行使族权的地方，凡族人违反族规，则在这里被教育和受到处理，直至驱逐出宗祠，所以它也可以说是封建道德的法庭；祠堂还可以作为家族的社交场所；还可以进行演戏等文艺活动，每逢盛大节日或喜庆日子，都要请戏班子在祠堂里搭台演戏。有的宗祠附设学校，族人子弟在此上学。

（二）平面布局规整，不拘泥于程式化

祠堂建筑讲究规则整齐，中轴对称。根据规模大小，有的前后两进，有的前后三进，两侧大多有厢房，门厅大多后檐接有戏台，但也有无戏台的。

祠堂中有无戏台，笔者认为主要有两个原因：一是由于村中其他地方已有戏台（以

前村里一般有庙，庙里会设戏台），再在祠堂中建戏台就没有必要了；二是由于资金、土地等原因。祠堂中有戏台的，戏台内以一个藻井为常见，如马衙街秦氏支祠、鄞州横溪梅山村俞氏宗祠等，但在宁海下浦魏氏宗祠有二连贯藻井，在宁海岙胡村胡氏宗祠有三连贯藻井。祠堂中没有戏台的，如月湖张家祠堂、莲桥街杨氏宗祠等。在鄞州潘火桥村蔡氏宗祠是男祠、女祠合一的宗祠，这一祠堂格局在目前宁波极为罕见。

祠堂建筑突出重点，主次分明。最后一进放置牌位的正厅，是祠堂中最主要的建筑，进深、开间、体量最大，建筑高度及等级也最高，其他建筑随着功能逐步次之。

在建筑层数方面，有的门厅和正厅全部一层，如月湖张家祠堂、余姚石潭龚氏宗祠；有的门厅二层、正厅一层，如鄞州梅山村俞氏宗祠；有的门厅一层、正厅二层，如余姚朗霞干氏宗祠；有的门厅和正厅全部为二层，如海曙云石街李氏宗祠等。

祠堂的入口大门一般以门厅式居多，一般采用三开间，每开间设一对板门，明间的开间和门扇最宽，平时关闭，只有在祭祀、喜庆等重大活动时才开启，两次间略小，供平时出入。门厅有独立的，也有两边连接厢房或倒座的。另外，也有采用简单的直接在墙上开门作为入口大门的，如海曙塔影巷卢氏支祠；有稍考究一点的，做成牌楼式石框门，如鄞州石碶星光村沈氏宗祠。

正厅开间一般以五开间为多。也有七开间的，如鄞州走马塘陈氏老祠堂；有的三开间，如余姚鹿亭褚氏宗祠；还有采用三间两

弄的，如海曙青石街张家祠堂。

（三）建筑结构传统，包容多种结构形式

建筑梁架结构基本采用抬梁式、穿斗式或抬梁穿斗混合式。

抬梁式构架的特点是在柱顶或柱网上的水平铺作层上，沿房屋进深方向架数层叠架的梁，梁逐层缩短，层间垫短柱或木块，最上层梁中间立小柱或三角撑，形成三角形屋架。相邻屋架间，在各层梁的两端和最上层梁中间小柱上架檩，檩间架椽，构成双坡顶房屋的空间骨架。采用抬梁式构架可以减少中间柱子，利于室内空间的利用，但需增加柱子和梁架的规格尺寸，一般用于明间和次间。

穿斗式构架的特点是用穿枋把柱子串联起来，形成一榀榀房架；檩条直接搁置在柱头上；在沿檩条方向，再用斗枋把柱子串联起来，从而形成了一个整体框架。相比之下，穿斗式木构架用料小，具有省工、省料，整体性强的优点。同时，密列的立柱也便于安装壁板和间隔墙。但由于柱子排列密，只有当室内利用空间尺度不需太大时使用，一般用于梢间和边上尽间。

抬梁穿斗混合式构架形式综合了上述两种结构的优点，又考虑了实际使用、用料规格、建造资金等，在建筑结构中应用广泛。

屋架一般采用硬山顶，小青瓦屋面。但是也有特例，如北仑柴桥后所村项氏宗祠，屋面采用歇山顶结构做法。

两侧山墙有硬山式、马头墙、观音兜式、民国洋式等做法。采用硬山式的较普遍，如海曙区小沙泥街张家祠堂；采用马头墙的，有海曙区塔影巷卢氏支祠；采用观音兜式的，有海曙区青石街张家祠堂；采用民国洋式的，有海曙区牌楼巷杨氏宗祠。

祠堂戏台中的藻井构造，大致可分为井口、穿隆、井顶三部分，剖面呈倒置的喇叭形，层层里收至顶部。井口一般呈八角形，由四根正心桁和四根斜放的采步金围合而成。穿隆装修最为考究，有单层和双层之分，具体形式丰富多彩，不拘一格。井顶一般为圆形的明镜形式，一般绘双鱼、龙头、八卦等。根据藻井具体形式的不同，可将其归纳为螺旋式、聚拢式、轩棚式、叠涩式、层缩式等五种形式。

（四）装饰构件精致，多施"三雕"和彩画

雕刻部位主要在抱头梁、牛腿、雀替、月梁、柱础等部位。祠堂正厅明间大多会有下悬垂花篮状的挂斗，雕工较为繁琐。彩绘，一般在建筑的内墙、戏台的连梁等部位。雕刻、彩绘的题材往往选用忠孝节义、八仙图像、吉祥花草等。

在石雕方面，如鄞州潘火桥村蔡氏宗祠，其门厅中间正大门设近2米高抱鼓石，须弥底座线脚层次繁琐，面浮雕松鼠葡萄，栩栩如生，工艺精湛，为宁波石雕之最高水平。

在木雕、砖雕方面，如海曙马衙街秦氏支祠，其戏台是整座建筑中最华丽的部分，中间藻井由斗拱花板昂嘴组成的16条几何曲线盘旋而上直至穹隆顶会集，中间覆以"明镜"。梁柱、雀替、额枋、美人靠等多采用浮雕或透雕的手法，并借助线刻造型和浮凸的块面，饰以大漆，贴以金箔，取得金碧辉煌之效果。雕饰的图案内容有婴戏图、渔樵耕读图和《岳飞传》、《三国演义》中的人物故事，以及龙凤呈祥、喜鹊登梅等吉祥图案共有一百多幅。还有门前砖细照壁，门厅两侧磨砖墙面、砖细斗拱，砖雕漏窗等，融合了木雕、砖雕、石雕、贴金、拷作等工艺于一体，集宁波传统古建筑工艺之大成。

灰塑方面，如象山儒雅洋村何恭房祠堂，其前厅两侧墙砖细结合灰塑线脚，图案繁琐、工艺精湛，内院天井另有四座牌楼式门洞，采用磨砖结合灰塑做法，为宁波祠堂类建筑灰塑工艺之最。

内墙彩画，主要采用矿物质颜料，常年不会褪色，图案以线描勾勒为主，饰以彩色。彩画保留较完整精美的，当属余姚梁弄孝子祠堂。

油漆方面，祠堂建筑木料均做油漆，一般采用传统生漆，柱子下端均为黑色，体现严肃庄重，屋内均为菩荠红，有些戏台藻井、月梁、牛腿等构件再饰金箔或金粉。

建筑内部一般会在正厅前檐廊两侧设立石碑，记载家族的来源、发展、祠堂的建造捐助情况等，如海曙塔影巷卢氏支祠、南郊路余氏宗祠、余姚朗霞干氏宗祠等。正厅后室设神龛供祖宗牌位，牌位架外一般设门开关，门板上写朱子家训或二十四孝图案，如鄞州走马塘陈氏宗祠。

祠堂多数都有堂号，如：鄞州区梅山村俞氏宗祠称"滋德堂"，铜盆闸村严氏宗祠称"创业堂"，宁海县龙宫村陈氏宗祠称"星聚堂"等等。堂号由德高望重的族人长辈或请名人高官、书法名家书写，制成金字匾高挂于正厅中央，旁边另挂有姓氏渊源、族人荣耀等匾额，还配有对联。祠堂内的匾额之规格和数量都是族人显耀的资本。有的祠堂前置有旗杆石，表明族人得过功名。

（五）建筑用材实用，主要为就地取材

用材方面，木材以杉木、松木、香樟、栗树、柏木、枫树，还有木荷、榉木等本地乡土树种为主，石材也以本地出产的青石、梅园石、鄞江小溪石、溪坑河卵石等为主。砖瓦则采用青坯砖瓦。石灰则利用海产贝壳烧制并且黏性极强的壳灰。

在四明山等山村中，由于运输等原因，当地祠堂基本采用溪坑石做墙基、墙体，浆以草筋黄泥作填充物，室内用三合土地面，天井地面采用卵石铺装，卵石铺成铜钱纹、荷花等吉祥图案，在朴素单一的材料中寻求变化，表达人们的愿想。如余姚石潭村龚氏宗祠等。

建筑外墙一般采用青砖墙，砌筑方式大

致有：清水墙、实叠墙、空斗墙、粉刷墙。另在山区建筑墙身大多采用块石、卵石垒砌。建筑的内墙用材，因功能起隔间作用，在明清年代，多数用芦壁，即芦苇杆或箭竹片做骨架，草筋黄泥作填料，壁面再涂石灰；也有板壁墙，用材多为杉板之类；另外还有龙骨砖墙。

建筑的外墙色彩以黑白为基色，青砖、粉墙或清水砖墙、黛瓦，以黑、白、灰的层次变化组成朴素、高雅、统一的建筑色调。

二

目前，在宁波现存保留的传统祠堂中，根据平面布局、结构做法等特点来分析，最具典型和代表性的祠堂有：

（一）张家祠堂

位于海曙区青石街70号，为宁波现存少数的明代建筑之一，也是宁波早期祠堂建筑的代表。现为宁波市级文物保护点。据调查，明代在青石街有张士培（字天因，黄宗羲先生之高徒）及张锡锟、张锡璜等居一族聚居于此，祠堂应为其族人所建。黄宗羲晚年曾在张家祠堂讲学，此地是浙东学派的主要传播基地之一。

祠堂坐北朝南，中轴线上有门厅和正厅组成，总占地面积465平方米，建筑面积335平米。门厅为五开间，三柱五檩，中间明间为入口大门，设前后牛腿出檐，两边次间梢间作房间，以倒座形式，外后包檐，内窗槛，并牛腿出檐。山墙采用观音兜式。正厅面阔三间两弄，明间五柱九檩，次间及过弄七柱九檩，抬梁穿斗混合式结构，梁架用材硕大，装饰素雅，柱础中间腹鼓，均体现了明代建筑风格。

（二）褚氏宗祠

位于余姚市鹿亭乡晓云村上村东溪西侧。现为余姚市市级文物保护点。据《褚氏宗谱》载："南宋孝宗时，镇江录事参军褚邦英由慈溪金川徙余姚四明小岭（今晓岭），为小岭褚氏始祖，嗣后子孙有分居低塘、梁弄、王石坑、深坑、上庄等地者"。再据宗谱记载，晓岭褚氏为唐代永徽四年宰相、书法大家褚遂良后裔之一徙居晓岭的族群。鹿亭为宁波余姚褚姓始居地，当地有一俗语："三庙六祠堂，晓云大村方。"现该地仅剩此座祠堂，显得弥足珍贵。

现存褚氏宗祠称"忠清堂"，是目前余姚仅存的一座褚氏宗祠，初建于雍正八年（1730年），距今已有282年历史，为三大房支祖孟常公所遗祭产上建造而成，是清代晓岭村最大的一座祠堂。祠堂大厅上曾悬挂有宋大儒朱熹所书"忠清堂"大匾以及明十四世孙褚模所书"德泽昭敷"、"永镇乾坤"等数方金匾，祠堂内供奉着褚招、褚遂良等列祖列宗的牌位。道光二十三年（1843年）十月，忠清堂又经重修，现祠内东西山墙内分别嵌有道光二十四年（1844年）和光绪三十四年（1908年）"忠清世家"石碑各一通，记述有修祠简况和助田名册等。

建筑坐北朝南，总体呈"口"字形布置，中轴线上有门厅、天井、正厅，两边为东西厢房，总占地面积约386平方米，建筑面积515平方米。门厅为三开间二层硬山顶，中间墙上设石框板门，明间为抬梁式构架，三柱七檩；次间五柱七檩，前无廊二层设檐窗，后设挑廊。西厢房，二开间二层，硬山顶，抬梁式构架，二柱五檩。东厢房，二开间二层，硬山顶，三柱五檩。正厅，三开间硬山顶，明间四柱九檩，梁间装饰花板，两次间五柱九檩。正厅前檐原设卷棚顶廊，牛腿贴塑木雕，雀替雕饰卷草纹，素雅清逸，金柱硕大，柱础腹鼓，雕饰如意纹饰。建筑风貌古朴，墙身采用块石、卵石垒砌，天井卵石铺装等做法具有浓郁的当地乡土特色。

（三）蔡氏宗祠

位于鄞州区潘火桥村。现为鄞州区文物保护单位。蔡氏宗祠始建于1588年，距今有四百二十余年的历史，现存建筑建于清同治九年（1870年），有一百四十余年历史。建筑布局形式、营造工艺和做法等代表了宁波传统宗祠建筑的特征，同时建筑群面积规模较大，特别是后进正厅屋身较高近9米、用材规格硕大，在宁波乃至浙江地区极为罕见。另外，蔡氏宗祠是全国罕见的男祠、女祠合一的宗祠，在浙江一带尚属首例。也可证明从1870年起，蔡氏一族就已经打破了女人不能进祠堂的封建观念，这在当时是十分罕见的。

蔡氏宗祠坐西朝东，由男祠、女祠两部分组成，占地面积2185平方米，建筑面积1709平方米。男祠在北轴线上，前后三进，有门厅、戏台、厢房、前厅、正厅组成。女祠在南轴线上，前后三进，有头门、前厅、正厅和偏房组成。

男祠门厅，为五开间后檐连戏台，单层硬山顶，小青瓦屋面，采用抬梁式与穿斗式混合结构，明间四柱六檩，次间和梢间四柱六檩。前檐柱上施十字斗拱，牛腿承托檐枋，山墙饰三脊马头墙，门厅中间正大门设近2米高抱鼓石，须弥底座线脚层次繁琐，面浮雕松鼠葡萄，栩栩如生，工艺精湛。戏台在门厅背面连后檐，平面呈方形，台面宽4.97米，进深6.09米，它作为祠堂的中心安排在中轴线正中，面向正厅，左右为厢房，形成"凹"字形天井。戏台屋顶为单檐歇山顶，下施藻井用轩棚式，梁、桁、枋上多施雕刻。

男祠厢房为单层硬山顶后包檐，小青瓦屋面，采用抬梁式二柱三檩，内做卷棚轩顶，两侧山墙饰二脊马头墙。

男祠前厅为五开间单层硬山顶，小青瓦屋面，采用抬梁式与穿斗式混合结构，明间六柱九檩，次间和梢间七柱九檩。前后檐柱上施十字斗拱，牛腿承托檐枋，两侧内墙保留有彩画精美，山墙饰四脊马头墙。

男祠正厅为五开间，前檐廊重檐、后单层后包檐硬山顶，小青瓦屋面，采用抬梁式与穿斗式混合结构，明间、次间六柱十檩，梢间七柱十檩。前檐柱上施十字斗拱，牛腿承托檐枋。

女祠前厅总体为七开间，按功能分三间、三间、一间各为单元，单层硬山顶，小青瓦屋面，采用抬梁式与穿斗式混合结构，有五柱七檩和四柱七檩，雕饰不多以素面为主。

女祠正厅为五开间，前有檐廊重檐、后单层后包檐硬山顶，小青瓦屋面，采用抬梁式与穿斗式混合结构，明间、次间五柱十檩，梢间六柱十檩。前檐廊檐柱上施十字斗拱，牛腿承托檐枋。

（四）项氏宗祠

位于北仑区柴桥街道后所村城南项家。现为北仑区区级文物保护单位。后所村为"千户所军"安营扎寨之地，最早称为"后所城"。明洪武年间，倭寇剽掠东南沿海，朱元璋命大将汤和濒海筑城，以防备倭寇。清顺治十八年（1661年），后所城迁移到睡龙宫山南麓平地（今后所村所在地）。后所村姓氏众多，包括项氏在内的多数人家均为"千户所军"后裔。项氏始祖项信禄，明洪武年间（1368～1398年）从温州平阳迁入。现保存有清康熙三十八年（1699年）的"锡畴令范"木匾一块。据民国《镇海县志》记载，项氏宗祠建于清乾隆五十六年（1791年），堂号"惇叙堂"。其建筑坐北朝南，占地490平方米，保留正厅建筑面积198.5平方米，面阔五间，为歇山顶一层平屋。明间和次间内侧梁架为抬梁式，四柱七檩；次间外侧和梢间内侧梁架为穿斗式，七柱七檩；梢间为四柱披屋，由梢间内侧前、后金柱分别向外侧各设一双步梁，内侧前、后檐柱分别向外侧各设一弯梁，四角飞檐起翘，构造较为独特。屋面采用歇山顶结构做法在宁波地区保留的宗祠类传统建筑中属于孤例。

（五）秦氏支祠

位于海曙区马衙街。现为全国重点文物保护单位。建筑坐北朝南，前后有照壁、门厅、戏台、正厅、后厅、左右厢房等组成。平面布局呈长方形，建筑面积约两千多平方米。戏台是整座建筑中最华丽的部分，中间鹅罗顶藻井由斗拱花板昂嘴组成的16条几何曲线盘旋而上，直至穹隆顶会集，中间覆以"明镜"，仰视如步入奇妙境界，制作工艺之精，誉为浙东第一。祠内构件的雕饰工艺是宁波传统朱金木雕中的代表作，梁柱、雀替、额枋、美人靠等多采用浮雕或透雕的手法，并借助线刻造型和浮凸的块面，饰以大漆，贴以金箔，取得金碧辉煌之效果。雕饰的图案内容有婴戏图、渔樵耕读图和《岳飞传》、《三国演义》中的人物故事，以及龙凤呈祥、喜鹊登梅等吉祥图案共一百多幅。其砖雕也颇具特色，在照壁、花墙、漏窗等处嵌以各种砖雕的人物故事和吉祥图案，造型生动逼真，雕刻刀法细腻圆润，独具风采。秦氏支祠融合了木雕、砖雕、石雕、贴金、拷作等多种工艺于一体，集宁波传统古建筑工艺之大成。

（六）李氏宗祠

位于海曙区云石街27号。现为宁波市级文物保护点。李氏宗祠是纪念浙东学派著名学者李杲堂的重要场所。李杲堂，鄞县人，曾受学于黄宗羲，是浙东学派著名学者，诗文卓然成家，著有《李杲堂文钞》等。

李氏宗祠为清晚期建筑风格，占地面积550平方米，建筑面积673平方米，建筑坐北朝南，呈四合院布局，有门厅、正厅、东西厢房及天井过弄等组成，建筑布局规整，构造工艺简练又体现庄严。特别是从正厅两侧设楼梯上二层（其余建筑不设楼梯），用连廊使门厅、厢房、正厅等各建筑单体之间的二层相互贯通是该建筑最为特别之处，此结构为宁波祠堂类建筑孤例。

（七）走马塘陈氏老祠堂

位于鄞州区走马塘进士村东北面，荷花池西北面，东与后新屋一巷之隔。老祠堂是八世祖陈大有之宗祠，陈氏到八世时为鼎盛时期，期间出了七名进士，缙绅官吏有十四人之多。八世祖陈大有与其兄陈大寅就分二系（西众和东众）起行第，修家谱。西众建造宗祠，即为老祠堂。陈氏祠堂（遗忠堂），俗称新祠堂或东众祠堂，是陈氏东众家族的宗祠，历遭兵灾火焚，后人在原址重建，故称新祠堂。

老祠堂为清代建筑风格，坐北朝南，两进一明堂（天井），前进为门厅，后进为正厅，天井两边为廊庑（厢房），占地面积约926.5平方米，建筑面积约830平方米。

门厅采用三开间屋宇式，双坡硬山顶，屋脊高出两边对称布置的倒座。每开间设一对门扇，明间的开间和门扇最宽，平时关闭，只有在祭祀、喜庆等重大活动才开启，两次间设侧门，供平时出入。门槛下两侧廊墙外开微八字，墙面和剎头均有精美磨砖雕花。进深第一间上部有卷棚天花。木结构采用抬梁式，双步月梁上对称布置小瓜柱承托雕刻弧形元宝梁。元宝梁与从瓜柱伸出的斗拱上的枋木支撑弧形卷棚。门厅两侧夹屋倒座，为两双坡硬山，两开间，后檐廊连门厅。

东西厢房为二层楼屋三开间硬山顶，二层南端采用硬山歇山的南划戗形式，较为罕见。厢房一层外檐柱为方青石柱，柱顶承受出挑木梁，木梁上再架二层木柱。厢房一层正面原无门窗，二层正面有美人靠，内侧为槛窗。

正厅为七开间，前檐廊为卷篷式轩顶，檩子和枋下均有雀替，梁头为月弯式，有牛腿。建筑雕梁画栋，主要有人物故事和花卉异珍，繁而有序，雕刻精美。

（八）何恭房祠堂

位于象山县西周镇儒雅洋村鸿儒路2号，又称"承志堂"，亦称"新祠堂"。 现为象山县县级文物保护单位，建于清晚期。据考证，祠堂内原有假山、石桥、亭子、藏书楼等皆毁，新中国成立后曾一度作为学校使用。何恭房祠堂现整体格局保存基本完整，占地面积较大，结构布局合理，建筑木雕、灰塑制作精美，工艺精湛，体现了传统宗祠建筑营造的高超技艺。

何恭房祠堂占地面积7455平方米，建筑面积1056平方米，中轴线上由南至北有门厅、操场、荷花池、前厅及夹屋、厢房、正厅及耳房等组成。

门厅为三开间硬山顶，小青瓦屋面，三柱五檩，穿斗式，前后檐设牛腿承托檐檩。

前厅为三间两弄，硬山顶，小青瓦屋面，明间抬梁式四柱八檩，次间穿斗式五柱八檩，前后设卷棚轩廊，后檐设牛腿承托檐枋。前厅山墙墀头的山花装饰，线脚层层叠叠，内侧嵌镶砖雕装饰，相映生辉，气派华丽。东西夹屋为三开间硬山顶，小青瓦屋面，明间抬梁式四柱八檩，次间抬梁式与穿斗式混合五柱八檩。

东西厢房，现建筑为后期改建。

正厅为三间两弄硬山顶，小青瓦屋面，明间抬梁式七柱十一檩，次间穿斗式八柱十一檩，前檐设卷棚轩廊。东西耳房为三开间，硬山顶，小青瓦屋面，抬梁式与穿斗式混合，明间六柱十一檩，次间七柱十一檩，前檐设牛腿承托檐檩。

前厅前有荷花池，池壁块石垒砌，四周还保留数株古柏环绕，意境古朴高远。

（九）杨氏宗祠

位于海曙区牌楼巷2号。现存为民国早期建筑。为纪念明吏部尚书杨守而建，祠堂内保留"杨氏碧川房重建祠堂记"，由清末民初书法名家张琴所书，碑记里介绍了杨氏支脉碧川房自明朝以来的兴衰史，披露了当时提供巨金资助祠堂重建的是"宁波帮"旅沪商人杨习榆及祠堂规模，对研究甬上杨氏家族历史特别是早期宁波商人惠泽故里的义举有一定的参考价值。

祠分前后两进，第一进为五开间，单檐硬山顶，山墙采用中西结合的近代洋式，通面阔五间，五柱七檩，前廊有抬头轩，内做卷棚顶。第二进为五开间，单檐硬山顶后包檐，观音兜山墙，通面阔五间，明间四柱九檩，次间、梢间五柱九檩，前廊设卷棚顶，建筑前廊卷棚月梁、枋、牛腿等雕刻人物故事，图案繁琐、工艺精湛，饰以大漆，并贴金箔装饰，金碧辉煌、光泽如初，代表了宁波传统朱金木雕工艺的高超技艺。

（十）卢氏支祠

位于海曙区塔影巷15号，现为海曙区区级文物保护单位。甬上卢氏于明嘉靖年间（1522～1566年）从定海定居于此，至清末已败落。卢氏后裔较有名气的有藏书楼——卢址抱经楼等。现存卢氏支祠为卢氏其中一分支的祠堂。

建筑为独栋，大门在临塔影巷围墙中设石框门，正厅坐北朝南，面阔三间，占地面积212平方米，建筑面积192平方米，明间抬梁式四柱七檩，次间五柱七檩，采用在五架梁之上支花斗，分别与成双使用的对子梁的下端相交，柱的上端为蝴蝶木，下悬垂花篮状的挂斗，梁架较为特别。祠内前廊两侧山墙各有一老石碑，山墙饰马头墙。

参考文献：

[一] 罗哲文主编：《中国古代建筑》，上海古籍出版社，2001年12月版。

[二] 北京土木建筑学会主编：《中国古建筑修缮与施工技术》，中国计划出版社，2006年1月版。

[三] 刘大可编著：《中国古建筑瓦石营法》，中国建筑工业出版社，2008年1月版。

[四] 马炳坚：《中国古建筑木作营造技术》，科学出版社，2008年6月版。

【南方殿阁草架特征初探】[一]

龙萧合·华森建筑与工程设计顾问有限公司

摘 要：关于殿阁的研究，以往多关注北方实例，本文提出南方殿阁命题，并以南北方差异最显著的草架部分为研究对象，探讨南方建构传统下，殿阁草架的结构、构造特征及间架配置与尺度设计，以地域细分的视角推进现有殿阁的研究，丰富对于殿阁多样性的认识。

关键词：草架　叉柱造　一间三架　架深整尺

一 前 言

（一）南方殿阁命题的提出

目前学界对于殿阁的认识基本来自于北方典型实例及《营造法式》，傅熹年先生关于殿阁特征的总结明显是针对北方实例的[二]。由于早期[三]留存实例少且文献缺乏，殿阁构架在南方建构传统下的地域特征研究至今几乎空白；另一方面，南北方殿阁差异是显而易见的，在众多现象中，南方草架多穿斗而北方为抬梁式是两地最显著的差异之一。本文南方殿阁是指：南方地域内的殿阁实例；结构构成上符合层叠式的基本精神，由柱框、铺作层、屋架垂直叠加；以穿斗草架为显著特色，柱间多枋、串类联系构件；根据实例情况，时间范畴上，以北宋初宁波保国寺大殿前廊为最早实例。

（二）南方殿阁实例

就技术而言，带平座的楼阁木塔可看成是殿阁要素的垂直叠加，文献、图录及绘画[四]中宋元楼阁之兴盛可略窥当年江南一带先进的殿阁构架技术。然南方现存殿阁实例少且时代都偏晚，实例中，殿阁与厅堂融合的混合构架更大量存在，可统称为非典型殿堂，具体分为：殿阁构架穿斗化、局部殿堂及穿斗厅堂殿堂化装饰等几种情况，其中后者尤具南方特色。本文整理南方[五]地区现存部分殿阁实例见表1。

[一] 本文为国家自然科学基金课题（编号51378102）的相关论文。2009年东南大学东方建筑研究室对景宁时思寺大殿进行了精细测绘，时思寺大殿作为南方殿阁实例的重要补充促成了本文的写作。

[二] 傅熹年：《傅熹年建筑史论文选》[M],百花文艺出版社，2009年1月版。

[三] 根据刘敦桢主编的《中国古代建筑史》的分期，本文所谓晚期指元及其以后。

[四] 可查询《天童山千佛阁记》，《五山十刹图》及大量的宋元绘画等。

[五] 中国的地域特征，一般以长江为界划分为南北两大区域，四川盆地的周边可视为南北两地的中间区域；广义的江南一般泛指长江以南但不包括四川盆地，狭义的江南指长江下游江浙等地区。本文中"南方"的地域概念泛指长江以南，"江南"是一个狭义的范围，指江浙等地区，"北方"泛指长江以北。

貳·建筑文化

表1 江南、福建地区部分殿堂遗构统计表

案例	年代	地区	规模、形式
玄妙观三清殿	南宋	苏南—苏州	七间四进，副阶周匝
陈太尉宫正殿	南宋	闽北—罗源	现存宋构一间两进
泉州开元寺大殿	明初	闽南	七间五进，副阶周匝
四川平武报恩寺万佛阁	明中期	四川—平武	三间两进，副阶周匝
四川平武报恩寺大雄宝殿	明中期	四川—平武	三间两进，副阶周匝
漳州文庙大成殿	明成化	闽南	三间四进，副阶周匝
时思寺大殿	清初	浙南—景宁	三间两进，副阶三间三进
普济禅寺御碑殿	清乾隆	浙东—普陀山	三间单进，副阶周匝
法雨禅寺圆通殿	清乾隆	浙东—普陀山	五间三进，副阶周匝
普济禅寺钟楼	清乾隆	浙东—普陀山	三层四檐，底层三间三进
林氏宗祠	清	闽南—漳州	三间三进，前后檐
安溪文庙	清光绪	闽南—泉州	三间三进，副阶周匝
白礁慈济宫后殿	清	闽南—厦门	三间单进，副阶周匝
局部殿阁			
保国寺大殿前廊	北宋初	浙东—宁波	——
真如寺大殿	元	上海	——
时思寺钟楼三层	清乾隆	浙南—景宁	——
穿斗厅堂的殿阁化装饰			
邵武宝严寺大殿	明嘉靖	闽北—邵武	三间三进，副阶周匝
仙游文庙大成殿	明末清初	闽东—莆田	三间两进，副阶周匝
建瓯东岳庙圣帝殿	清嘉庆	闽北—建瓯	三间四进，副阶周匝
建瓯文庙大成殿	清光绪	闽北—建瓯	三间两进，副阶周匝

二 穿斗草架及其构造特征

（一）古建筑草架之制

平棊以上构架草做今谓之草架，文献中，草架一词最早见于《营造法式》，其后明朝计成所著《园冶》载有明确的草架结构做法，记录明清时期江南营造技术的《营造法原》中亦提到草架。刘敦桢先生曾言"草架乃我国梁架结构古法之一……曾见于唐、宋、辽、金建筑，但后来北方已不使用"；《营造法原》厅堂总论："草架制度盛行于南方厅堂建筑，北方较为罕见，疑系明代创作，与宋法式迥异。"据此大概可知，草架做法历史悠久且南北方不同。曹汛先生通过考据文献与实例，认为今天所谓草架乃广义的称谓，包括草栿与草架两种[一]。从构架特点来看，曹先生所谓草栿是叠梁造，草架是柱梁（枋）造。叠梁造以梁承槫，梁与梁之间用驼敦、方槫垫托支撑，梁断面较大，其建构实质是构件层叠，与殿阁结构可谓是上下统一，典型实例包括佛光寺大殿、独乐寺观音阁上层及法式殿堂草架侧样所示；柱梁（枋）造，梁相对变小以蜀柱承托，其建构实质是厅堂式槫架，早期实例有隆兴寺摩尼殿；柱枋结构则是穿斗槫架，南方特有，不仅用于殿阁草架，明清时期盛行的复水椽厅堂，草架也多穿斗结构。

（二）南方穿斗式草架

构架简洁、结构优秀的穿斗草架存在于广大的南方地区，历史悠久，应用广泛。早期实例中，宁波保国寺大殿可看作是五代宋初的建筑技术，其前廊三架部分用藻井平棊装饰，上部结构作穿斗草架处理；与江南关系密切的汴梁地区，北宋遗构初祖庵大殿，大殿内外柱同高，内柱头安铺作，于前内柱头铺作上叉立屋架柱，前乳栿、劄牵、中三椽栿插入柱身，叉柱、插梁等构造做法都具有穿斗架特点。由于早期实例甚少，保国寺大殿、初祖庵大殿等非典型实例为寻找早期殿堂上的穿斗草架提供了线索（图1）；福建地区早期殿堂中，陈太尉宫为斜三角屋架，应是更古老的一种穿斗构架形式。实际上，曹汛先生考据草架源流，认为叠梁式、柱梁（枋）式草架在唐五代均已经有成熟的应用。

（三）屋架与铺作层的连接构造

穿斗草架并非简单的形式问题，由此带来一并相关的是屋架与铺作层的连接构造。南方殿堂穿斗屋架与铺作层的连接构造方式有两种：叉柱与用草地栿过渡。叉柱是指，于柱头铺作上立草架柱直抵槫下，柱间连以

[一] 曹汛.《草架源流》[J].《中国建筑史论会刊（第七辑)》，2013 年 1 月版。

47

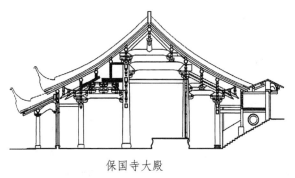

保国寺大殿

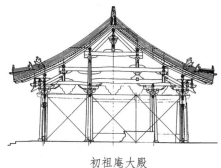

初祖庵大殿

图1　保国寺及初祖庵大殿屋架形式

穿枋，枋上立蜀柱承槫，实例如苏州玄妙观三清殿、泉州开元寺大殿等；用草地栿过渡时，屋架立在草地栿上，草地栿则搁置在铺作层上，实例如时思寺大殿、时思寺钟楼、平武报恩寺大雄殿及万佛阁等（图2）。

可以推测，草架叉立于纵架铺作层是南方的主流形式，其线索有几点：叉柱传统，殿阁内檐斗拱形制，铺作分槽缝上不用压槽枋[一]。

1. 叉柱传统。叉柱是一种简单原始的构造形式，远古时期的干栏建筑上就有应用。据有关研究，浙江余姚河姆渡遗址发掘的建筑遗迹和残留物被判断为"支撑框架体系"[二]的干栏式建筑，简单说就是，以木桩为基础，上面架设木梁联系木桩，梁上铺设地板，再立柱、架梁，形成建筑空间，此处，上层柱应是叉在下层梁上的。这种简单原始的建筑结构形式在今天的西南少数民族地区仍可见到，叫"接柱建竖"。学界普遍认为，远古干栏建筑的木结构加工技术和建构思维影响并逐步形成了穿斗式木构架。

2. 内檐斗拱形制。北方殿阁，最下层草架梁直接叠在铺作层上，对应铺作中存在找平构件以搁梁栿，早期草栿位于檐槫以上，找平构件一般为衬方头或任意敦，南宋、元以来随着草栿位置逐渐下移至檐槫下，最下层草栿直接充当铺作层中的明栿时，找平构件就变成了铺作中的要头和槫头等构件。与之形成对照的是，南方殿阁内檐斗拱中一般不设找平构件，而是直接于上昂或华拱上安令拱承平棊枋，要头、槫头非常少见，因而铺作上不利于直接搁置梁栿。

3. 铺作分槽缝上不用压槽枋。在纵架铺作上用压槽枋亦可解决草栿找平问题，宋法式图样及明清官式制度中，铺作缝上设压槽枋以搁草栿，实例南方殿阁仅四川平武报恩寺建筑群采用了这一做法。四川平武报恩寺具有官式背景，此处压槽枋之设估计不是南方地方做法，而是典型的明清官式建筑构件。

现存南方殿堂实例，用草地栿承屋架的仅时思寺大殿、时思寺钟楼、平武报恩寺建筑群三例，是特殊情况下的少数做法。前述已经说明，平武报恩寺是官式做法；时思寺大殿的特殊之处在于，殿小次间无补间铺

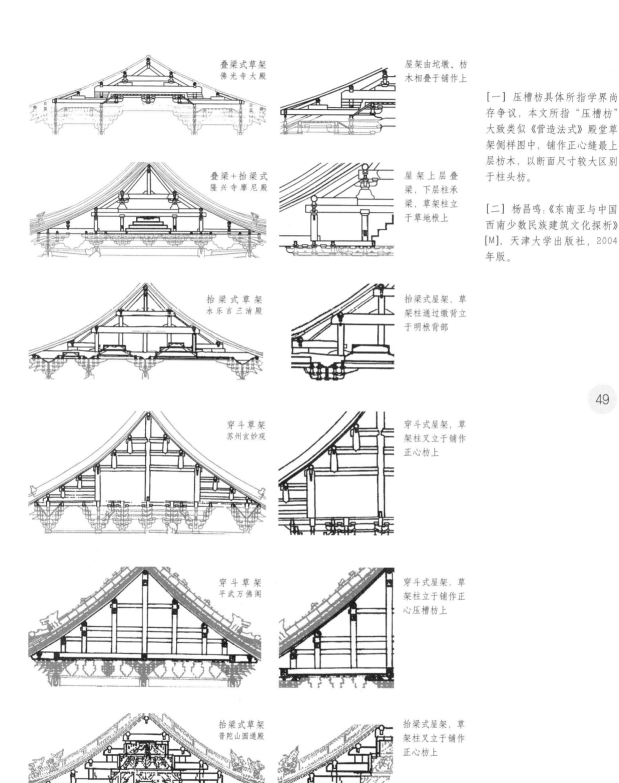

叠梁式草架
佛光寺大殿

屋架由坨墩、枋
木相叠于铺作上

叠梁＋抬梁式
隆兴寺摩尼殿

屋架上层叠
梁，下层柱承
梁，草架立
于草地栿上

抬梁式草架
永乐宫三清殿

抬梁式屋架，草
架柱通过缴背立
于明栿背部

穿斗草架
苏州玄妙观

穿斗式屋架，草
架柱叉立于铺作
正心枋上

穿斗草架
平武万佛阁

穿斗式屋架，草
架柱立于铺作正
心压槽枋上

抬梁式草架
普陀山圆通殿

抬梁式屋架，草
架柱叉立于铺作
正心枋上

[一] 压槽枋具体所指学界尚存争议，本文所指"压槽枋"大致类似《营造法式》殿堂草架侧样图中，铺作正心缝最上层枋木，以断面尺寸较大区别于柱头枋。

[二] 杨昌鸣：《东南亚与中国西南少数民族建筑文化探析》[M]，天津大学出版社，2004年版。

49

图2　殿阁草架分类及屋架与铺作层的连接构造

作,山面屋架收进半间,对应位置没有铺作可以立草架柱,从而只能设地栿搁置在铺作柱头枋上,屋架再立于地栿上;时思寺钟楼地栿位于四内柱柱缝上,长同四内柱开间不与檐柱接触。时思寺大殿与钟楼的情况似乎说明,南方殿阁草架用地栿过渡的情况适用于小型建筑。

三 间架配置

(一)叉柱对应的屋架形式

草架与铺作层的连接方式对屋架构成有直接影响。当屋架立于草地栿上时,借助草栿,屋架构成与地盘布置可以相对自由,《营造法式》殿堂侧样图中,屋架架深均匀,地盘柱位与屋面槫位不对应,正反映了屋架与地盘分槽相互独立,互不影响的关系,实例中,元官式永乐宫两建筑以及曲阳北岳庙德宁殿等,地盘减柱、移柱,但屋架架深均匀,柱与槫不对位(图3)。上述推论,南方殿堂叉立屋架是主流做法,叉柱的构造特征关系到屋架分间与地盘分槽的关系,正常来说,殿堂建筑垂直荷载的传递过程为:屋面—草架柱—铺作纵架—地盘柱,也就是说,草架柱与地盘柱实际上存在位置对应关系,因而殿堂屋架构成与地盘分槽相关联,实例中大多数情况,屋架分间等于地盘分间。另外,厦两头造屋顶,山花梁架只

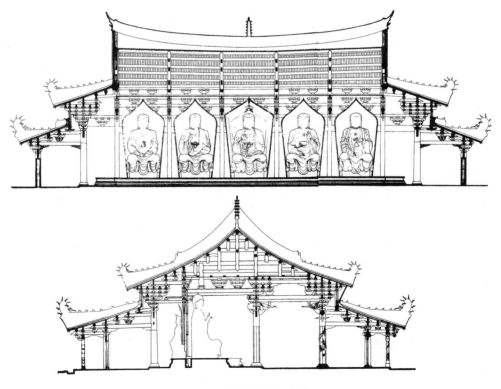

图3 叉柱造与屋架形式

能收进一间或直接位于檐柱铺作上，实例苏州玄妙观三清殿、泉州开元寺大殿等大型建筑，山花梁架收进一间；而漳州文庙大成殿、漳州林氏宗祠等三间小殿堂，山花梁架则直接立于檐柱铺作上。

（二）间架配置规律

1.古代建筑间架配置规律及演变

中国古代，建筑规模主要由地盘开间决定，而地盘分间与屋架橼数又相互关联，进深尺度上，架深往往具有模数控制单位的意义，建筑规模可直接表记为"面阔N间×进深M架"。陈明达先生根据对法式的研究，推定进深上"一间等于两架是当时固定的比例"，且往往形成某些固定的组合规律，比如三间六架、四间八架、五间十架等。实际上，不论南北方，由唐至元的建筑实例，基本都符合一间两架的规律，但是后期这一规律逐渐不太适用，因为明清建筑增架明显，一间三架较常用。总结建筑的间架配置关系，可以看到进深开间与屋架相互限制，联动变化的关系。

首先，橼架作为进深尺度控制的模数单位。早期建筑每一个单开间内对应两架，架深均匀，尺度构成相对简单，如佛光寺大殿：aa aa aa aa，a=8.5尺，独乐寺观音阁：aa aa aa aa，a=6.25尺，晋祠圣母殿：aa aa aa aa，a=6尺，其中a表示架深；北方宋金建筑，平面进深尺度开始趋于变化，常常加大心间尺度，隆兴寺轮藏殿：aa bb aa，a=7.5尺，b=6.5尺；崇福寺弥陀殿：aa bb bb aa，a=6.5尺，b=7尺。宋元江南常见的三间八架、五间十架佛殿，前者可看作省略中柱的形式，总体规模上仍符合一间两架的规律，但是单开间内却出现架数调整的情况：保国寺大殿、天宁寺大殿、延福寺大殿间架配置形式为3-3-2，保国寺大殿：aaa bba aa，其中a=5尺，b=7尺，增加前进间架数扩大前部礼佛空间，同时加大心间架深突出佛像的中心地位，是当时中小型佛殿典型的间架配置形式。相对于早期简单直接的一间两架、架深均匀的形式，此时屋架为适应平面变化已经做出较大改动，平面开间合整数尺，架深是作为次级模数单位而存在的。

其次，橼架数随平面规模变大而增加。宋以后，建筑技术上更先进，伴随的是建筑用料较前期变纤细但平面开间却有增大的趋势。我们常说唐代建筑雄浑粗壮、宋代建筑纤细柔美，大概很大程度上是因为用料尺度的问题，宋以后柱、橼、槫、拱枋等构件尺寸都变小，架距相应变小，法式规定橼平长不过六尺殿阁不过7.5尺，比起佛光寺大殿的8.5尺已经小很多；另一个趋势是开间增大，辽、金及南宋建筑心间开始突破18尺而达到24尺

（善化寺大殿）、20尺（苏州玄妙观三清殿）等大开间。在这两方面的因素促成下，元代建筑出现增架的做法，南方3-3-2配比的佛殿已经表现出对"一间三架"的尺度需求，真如寺大殿为三间十架，突破平均一间两架的规律。明清建筑增架明显，明代建筑平面柱网规整严谨，官式民间都有十三檩、十一檩的多架建筑，北京先农坛太岁殿、绍兴吕府大厅均为十三檩，七架梁前后出三步架；苏州文庙大成殿为十一檩，七架梁前后出两步架。总之，随建筑平面开间变大且椽距变小，元以来开始出现增架的现象，明清建筑则增架趋势明显，大开间常常对应一间三架。

2.南方殿堂"一间三架"的普遍现象

南方殿堂间架配置规律依其特点，可大分作两类：一是穿斗式，二是抬梁式，这是因为草架结构形式的不同显著对应了不同的间架配置规律。穿斗式草架，进深总规模普遍存在平均"一间三架"的规律，即架数=3×间数（进深），而抬梁式草架则与一般厅堂建筑一样，八架、十架、十二架都有可能。

表2　南方部分实例间架关系统计表

	年代	建筑结构	草架构造	间架关系
苏州玄妙观三清殿	南宋	层叠式殿堂	穿斗	四间十二架，3-3-3-3
罗源陈太尉宫	南宋	同上	穿斗	三间八架，2-4-2
泉州开元寺大殿	明初	同上	穿斗	五间十五架
漳州文庙大成殿	明中期	同上	穿斗	四间十二架，3-3-3-3
景宁时思寺大殿	清初	同上	穿斗	二间六架
漳州林氏宗祠	清	同上	穿斗	四间十二架，3-3-3-3
台湾孔庙大成殿[一]	1929年	同上	穿斗	四间十三架，3-3-3-4
平武报恩寺大雄殿	明中期	同上	穿斗	二间八架，4-4
平武报恩寺万佛阁上层	明中期	同上	穿斗	二间六架，3-3
普陀山普济禅寺御碑殿	清中期	同上	抬梁	二间四架，2-2
普陀山法雨禅寺圆通殿	清中期	同上	抬梁	四间十架，2-3-3-2
建瓯文庙大成殿[二]	清晚期	连架式厅堂，殿堂装饰	穿斗	二间十架，5-5
建瓯东岳庙圣帝殿	清晚期	同上	穿斗	四间十架，2-3-3-2
时思寺马仙宫	清中期	同上	穿斗	四间十架，2-3-3-2

表2中，普陀山两建筑由朝廷出资并亲自督造[三]，其抬梁式的草架构造具有明显的北方特征，因而间架尺度设计很可能沿袭了清官式制度，屋架构成分别为2-2和2-3-3-2；进深总规模平均一间三架的规律反映的是南方地方做法，相应于草架也是南方地方做法的穿斗造，其中建筑技术源于福建地区的台北孔庙大成殿，加大后进间为四架，是对传统一间三架的变造应用；与殿堂一间三架形成对比的是，建瓯文庙大成殿、建瓯东岳庙圣帝殿为整体殿堂化装饰的厅堂构架，其间架配置也与一般厅堂建筑相同。这里值得注意的是泉州开元寺大殿，进深五间为单数对应十五架椽，前后檐不对称，前檐七架而后檐八架。由于五间的其他实例不存，或许此例有一定代表性，说明这一规则在实践中的严肃性。

对于南方殿堂穿斗草架增架至平均一间三架现象的产生，可做几点推测：

（1）穿斗架原本用于民居，蜀柱立于纤薄穿枋上，相比于粗柱大梁的抬梁式构架，穿斗建筑往往椽平长短。在穿斗结构影响深远的地区，大式建筑受其影响，椽架多而密是一显著特征，泉州承天寺大殿为三间十五檩；

（2）南方传统椽架数较多、椽平长短。宋元中小型佛殿，南方以三间八架对应于北方常见的三间六架。

（3）殿堂建筑一般开间规模较大，苏州玄妙观三清殿，进深间广实测均值约4.5米，合14.5尺[四]，若一间两架则接近了法式椽长的极限，显然不适合纤弱的穿斗构架；

（4）如前文所述，增架是宋以来建筑发展的总体趋势，元代真如大殿已经达到三间十架椽，明清多三间十三檩、十一檩的建筑。

以上几方面原因，促使穿斗架与殿堂建筑结合时，采取增加架数的办法来克服自身的弱点以适应大开间的建筑。同时，这个增架并非临时根据实际情况的随意调整，而是形成平均一间三架的固定规律，与一间两椽的道理一样，应具有一定的模数控制意义，实际操作中六架、十二架、十五架等是几种固定形式，类比于原来的三间六架、五间十架等固定的屋架组合。

3.间架配置

在平均"一间三架"的规律下，当穿斗屋架又立在铺作上时，屋架大致有两种形式：间内架数相等，为三架；各间之间架数调整。

（1）各间等架数是基本形式也是最常见的（图4）。在平均一间三架的规律下，每间内对应三架，即3-3-3-3……的配置。此时，为适应开间变化的实际需要，通常有几种做法，包括各间架深不等与借助外檐铺作里跳

[一] 黄惠愉：《台北孔庙大成殿藻井之研究》[硕士论文]，中国科技大学，2013年。

[二] 黄丽霞：《建瓯市文庙修缮的前期研究》[J]，《福建文博》，2011年2月版。

[三] 赵振武、丁承朴：《普陀山古建筑》[M]，中国建筑工业出版社，1997年版。

[四] 傅熹年：《中国古代城市规划建筑群布局及建筑设计方法研究》[M]，中国建筑工业出版社，2001年9月版。

53

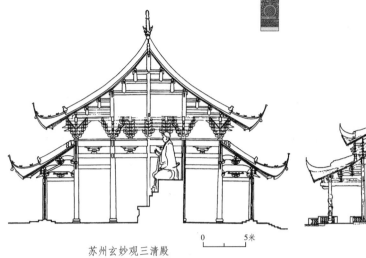

苏州玄妙观三清殿

0　　　5米

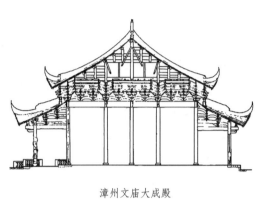

漳州文庙大成殿

54

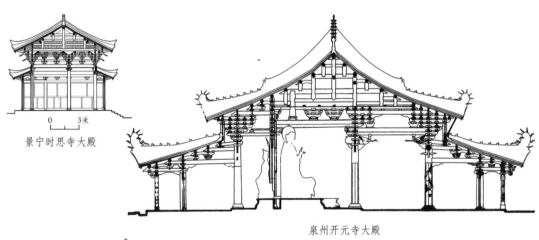

0　　3米

景宁时思寺大殿

泉州开元寺大殿

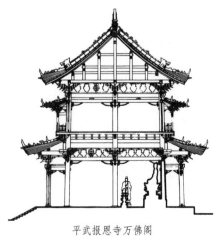

平武报恩寺万佛阁

0　　3米

平武报恩寺大雄殿

图4-1　南方部分实例间架关系

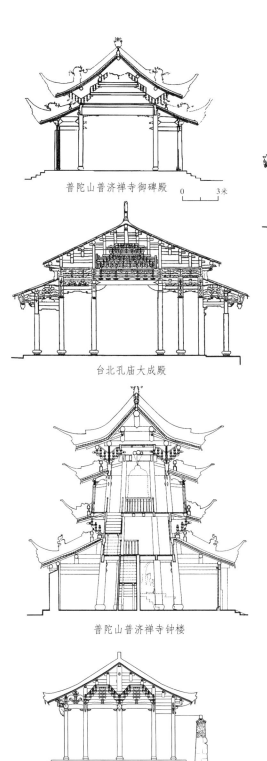

普陀山普济禅寺御碑殿

0   3米

台北孔庙大成殿

普陀山普济禅寺钟楼

时思寺马仙宫

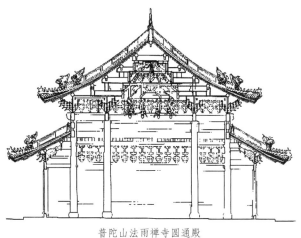

普陀山法雨禅寺圆通殿

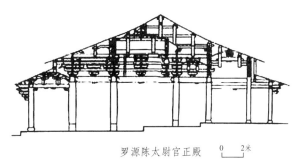

罗源陈太尉官正殿

0   2米

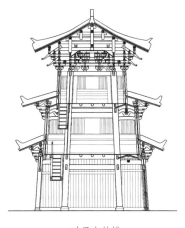

时思寺钟楼

图4-2 南方部分实例间架关系

以增加间广等方法。漳州文庙大成殿室内省略中柱，前后金柱之间即内槽深两间六架，前后槽各深一间三架，但前后槽深比内槽的大，另外，前后槽深别加外檐铺作里跳。

（2）各间之间架数调整。泉州开元寺大殿，前后檐椽架数不等而屋面大致前后对称，试划分其屋架分间（图5），为3-3-4-3-2配置，总体平均一间三架，但间与间之间可腾挪架数，心间四架的产生是为了使靠近脊步处的屋架前后对称。

总之，穿斗屋架叉柱造时，屋架分间与地盘分槽相关联，屋面总架数一般符合3×间数的规律，屋架配置存在各间等架数与架数调整两种情况。其中架数调整的情况在实际中应不多见，主要还是以等架为基本形式和设计基准。

四　南方几例间架尺度设计

（一）泉州开元寺大殿

据考，泉州开元寺大殿现状木构主体重建于明洪武初年，但地盘面阔七间进深五间部分沿袭了宋绍兴二十五年（1155年）扩建后的平面[一]，平面开间尺度符合早期特征。

表3中平面开间合整数尺制，心间与次间两朵补间，稍间一朵补间；心间18.5尺的规模是古制；总进深60尺=12×5尺，各间以12尺为基准微调，以0.5尺为调节模数。

大殿屋架分间与平面分间不完全对应，架深不匀，试对其屋架尺度设计进行推定：

1. 营造尺

《泉州古建筑》中根据对大殿斗、拱的统计，从材栔值与用材等级推定木构部分的

表3　泉州开元寺大殿上檐柱脚平面实测数据与复原比对表[二]

	面阔				进深			
	心间	次间	稍间	总间	前两间	中两间	后间	总间
实测均值（毫米）	5220	5100	3400	32300	3270	3600	3100	16840
折合尺（尺）	18.61	18.07	12.09	115.08	11.66	12.83	11.05	60.04
复原值（尺）	18.5	18	12	114.5	11.5	13	11	60
吻合率（%）	99.4	99.6	99.3	99.5	98.6	98.7	99.5	99.9

注：营造尺长取280.5毫米

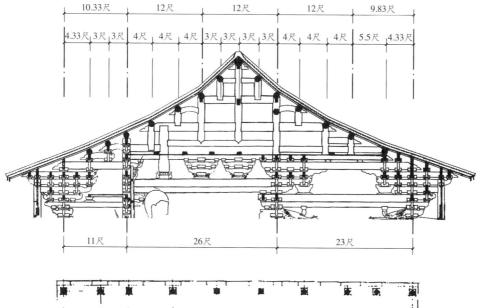

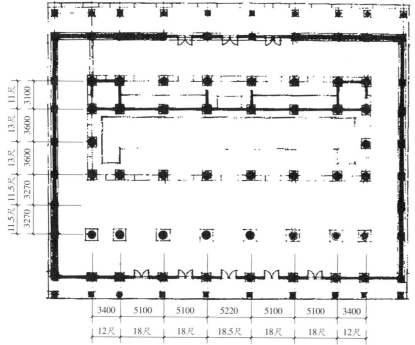

图5 泉州开元寺大殿间架尺度复原

[一] 泉州历史文化中心:《泉州古建筑》[M], 天津科学技术出版社, 1991 年 2 月版。

[二] 表中实测数据及营造尺长均引自杨昌鸣:《东南亚与中国西南少数民族建筑文化探析》[M], 天津大学出版社, 2004 年版。

营造尺长为307毫米，合闽南明初用尺。这里，屋架部分，取两种最大量的架深900毫米、1200毫米的公约数300毫米为营造尺长，架深差值亦正好合1尺。

2．构架关系

在尺度分析中以实测数据为基础还应尊重构架设计关系，根据这一原则，尊重大殿屋面大致前后对称的特点，应注意以下几个关系：前后檐铺作里跳总出跳相等；屋架前次间与后次间对称；屋架心间、前次间、后次间各间内架深均匀。

表4中，各间架深合整尺，最外一架架深畸零狭小，是因为铺作出跳按材分，设计且铺作复原营造尺与屋架复原营造尺有微差；另外，架深以0.5尺为调节模数。

综上，由于历史的原因，泉州开元寺大殿平面确定在先，但是屋架并非完全被动适应平面而是经过了一番主动设计，使屋架尺度具有简单整数关系：

（1）在平均"一间三架"的原则下，择心间与后次间间广确定两种架深：心间3尺，次间4尺；

（2）针对地盘分间不对称，屋架调整使屋架分间中前后次间对称；

（3）由铺作里跳消化平面间广在屋架营造

尺下的畸零值，从而其他各架依然取整数尺。

（二）苏州玄妙观三清殿

苏州玄妙观三清殿及漳州文庙大成殿屋架分间对应地盘分间，属同一种类型。前者为南方早期大型殿堂，平面特点是满堂柱式，进深各间约14.5尺，营造尺长30.5厘米[一]。屋架构成上，每间三架，架深不匀，由4.5、5尺两种整数尺长组合而成[二]，屋架并非完全被动决定于平面；后者外檐铺作里跳与开元寺大殿类似，拱枋垒叠至屋面槫枋下，据开元寺大殿的经验，铺作里跳应可以消化屋架尺度设计中的畸零值，从而中间十二架架深可取简单整数尺（图6）。

（三）时思寺大殿

时思寺大殿与平武报恩寺大雄殿草架立于地栿上，屋架形式不受地盘分间限制，属一种类型。时思寺大殿平面间广合整数尺制，屋面六架均匀分布，架深为简单整数3.5尺；报恩寺大殿无实测数据，作为明官式建筑，其平面开间由朵当决定，很难凑齐整数尺，然从侧样图上，屋架架深不匀，应该就是为了求得架深简单整数尺值。

总之，南方殿堂草架多穿斗结构，其间架配置首先适应平面间广，不过屋架在适应平面的基础上还是会做出适当的调整，以使

表4　泉州开元寺大殿上檐椽架尺度实测与复原比对表

		前稍间	前次间	心间	后次间	后稍间
椽架	实测均值（毫米）	1300，1640	1200×3	900×4	1200×3	900×2，1300
	复原值(尺)	4.33，5.5	4×3	3×4	4×3	3×2，4.33

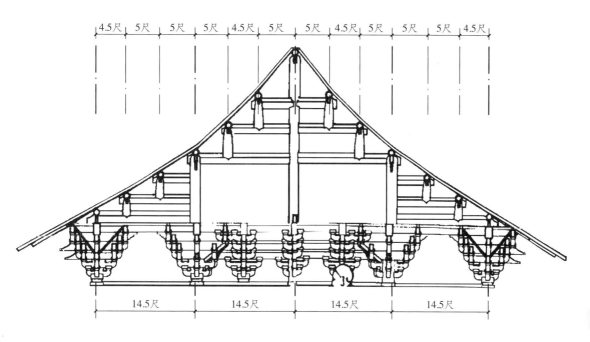

图6　苏州玄妙观三清殿间架尺度复原

架深尽可能合简单整数尺，其策略包括：采用两种架深组合，且两者差值合整尺；铺作里跳消化间广畸零值。

五　小　结

穿斗构架对南方建筑的影响既深且广，对殿阁建筑的渗透表现为穿斗草架。穿斗草架是南方殿阁的显著特色，区别于北方及法式殿堂的叠梁草架或抬梁式草架做法。通常情况，穿斗屋架通过叉柱的构造形式与下层铺作层联系，从而屋架分间与地盘分间相关联。这种情况下，间架配置是一个值得探讨的问题，由具体案例分析可知，南方殿堂穿斗草架的间架构成存在几方面特征：进深上存在平均一间三架的普遍现象；间内三架是基本形式，根据具体情况，在维持总架数的情况下可进行各间之间的调整腾挪；在平面与架深的相互决定关系中，屋架适应平面，但不是简单的均分，而是努力使架深合整尺。

[一] 数据引自傅熹年：《中国古代城市规划建筑群布局及建筑设计方法研究》[M]，中国建筑工业出版社，2001 年 9 月版。

[二] 两种尺长根据注 [一] 的数据及图形推算得来。

贰·建筑文化

参考文献：

[一] 梁思成：《营造法式注释》[M]，中国建筑工业出版社，2001年版。

[二] 姚承祖著、张至刚增编：《营造法原》[M]，中国建筑工业出版社，1986年版。

[三] 陈明达：《营造法式大木作制度研究》[M]，文物出版社，1981年10月版。

[四] 张十庆：《中国江南禅宗寺院建筑》[M]，湖北教育出版社，2001年版。

[五] 东南大学建筑研究所：《宁波保国寺大殿》[M]，东南大学出版社，2013年4月版。

[六] 赵振武、丁承朴：《普陀山古建筑》[M]，中国建筑工业出版社，1997年版。

[七] 泉州历史文化中心：《泉州古建筑》[M]，天津科学技术出版社，1991年2月版。

[八] 傅熹年：《傅熹年建筑史论文选》[M]，百花文艺出版社，2009年1月版。

[九] 傅熹年：《中国古代城市规划建筑群布局及建筑设计方法研究》[M]，中国建筑工业出版社，2001年9月版。

[一〇] 杨昌鸣：《东南亚与中国西南少数民族建筑文化探析》[M]，天津大学出版社，2004年版。

[一一] 曹汛：《草架源流》[J]，中国建筑史论会刊（第七辑），2013年1月版。

[一二] 陈木霖：《漳州文庙大成殿建筑》[J]，古建园林技术，2000年2月版。

[一三] 黄惠愉：《台北孔庙大成殿藻井之研究》[硕士论文]，台北：中国科技大学，2013年。

[一四] 黄丽霞：《建瓯市文庙修缮的前期研究》[J]，《福建文博》，2011年2月版。

【安远炮台建造始末再考】

吴　波·宁波市镇海区文物保护管理所

摘　要：安远炮台地处镇海，作为全国重点文物保护单位，它样式独特、特点鲜明，是中国近代海防炮台中的珍贵遗存，然而一直以来对其建造年代颇多争议。本文通过对诸论者所引史料的系统考校和辨析，并用新发现的史料和实地调查所得加以印证和补充，进而梳理出安远炮台建造的起因、年代及其始末情状。

关键词：安远炮台　建造　起因　始末

安远炮台位于宁波市镇海区招宝山南麓，当地俗称"糯米饭炮台"，是全国重点文物保护单位——镇海口海防遗址的一个重要组成部分。现存的炮台遗址面积约269平方米，其主体呈圆形，高6米，内径16.5米，壁厚约2米，设有前后（东、西）两个炮门，用三合土（即黄泥、沙砾、石灰拌以糯米饭）夯筑而成。它作为建于晚清的近代化炮台，在现存的同时期炮台遗址中样式独特、特点鲜明，是研究我国近代海防炮台十分难得的实物遗存（图1）。

然而，对建造安远炮台的起因、经过，尤其是建造年代，争议颇多，观点不一。主要有以下几种：一是，安远炮台建于中法镇海之战前，在战后加以改建或加固[一]。二是，安远炮台兴建于中法镇海之战前后，至光绪十一年（1885年）冬已完成五六成，在战后才置有火炮，基本竣工于光绪十三年（1887年），全

图1　安远炮台（李浙东提供）

[一] 炎明：《安远炮台建造年代考》，《镇海文史资料》（第一辑），镇海县政协文史资料研究委员会编，1985年8月版，第32页。另，夏炳章、王闰清：《百个爱国主义教育示范基地丛书——海天雄镇·镇海口海防遗址》，中国大百科全书出版社，1998年8月版，第37～38页："安远炮台在中法镇海之战前已经建有，是座小炮台，1885年秋正式始建，1887年又重新扩建，次年告竣。"

61

部竣工于光绪十四年（1888年）[一]。三是，当地文物管理部门认为现存的安远炮台建于光绪十三年（1887年），即为战后所建。此后，在第三次全国文物普查时，考虑到安远炮台建造过程的复杂，将其建造年代表述为"始建于1885年前后"[二]，即中法镇海之役前后。诸多研究者之所以关注安远炮台的建造年代，是因为只有考证出确切的年代，才可以确定安远炮台是否为抗法所建，是否参与了中法镇海之役，即是否是中法镇海之役的炮台遗址。

有意思的是，关于安远炮台的各种史料往往会有"互相矛盾"的记载，甚至当事人所写的同一份函件中竟也会有"前后不一"的说法。这让今天的研究者们产生诸多争议就变得不足为奇了。因此，对研究者们所引用的安远炮台诸史料先作系统的考校和辨析，厘清其中的"矛盾"，明其原委，还其原意，是研究的基础。笔者正是从此入手，进而搜寻尚未被引用的史料和调查遗址实地的情况，用以相互补充和印证，力图考证和梳理出安远炮台建造的起因、年代及其始末情状。

一 考校和辨析

目前，研究者们所引用的安远炮台诸史料可以分为文字记载和战务地图两大类。其中文字记载类又可分为当事人所记和后来人所作两块内容。当事人所记的史料可以看成第一手史料，最接近历史真实；而后来人所作则多以前者为据整理而成，可视作第二手史料。

对安远炮台留有文字记载的当事人有以下诸位。

1. 薛福成，中法镇海战役期间任宁防营务处，负有统筹宁波镇海海防全局之责。战后，他将当时形成的公私函牍、书檄、电报等汇编成《浙东筹防录》四卷，其中虽有自诩之处，但与安远炮台一事无关，因此相关资料应是对当时情形的直接记录。书中收录的《勘定镇海口门筑台添炮事宜由》，是薛福成写给浙江巡抚刘秉璋有关筹划镇海战后添筑炮台事宜的禀报。禀报中写道："职道（薛福成）于本月十二日（1885年11月18日，中法镇海之战结束后5个多月）驰赴镇海，会同统领亲兵小队等营钱提督玉兴及杜守冠英等，遍历招宝山、小金鸡山、安远炮台暨小港口之笠山台等处，周览形势，商度机宜"[三]。由此看来，安远炮台在薛福成等人考察地形，筹划战后添筑炮台之前，已经存在了。此份禀报在接下来的文字中则写得更为明确："查镇海口门形势，右金鸡，左招宝，而金鸡山前麓海中有石矶一座，名曰小金鸡山，与招宝山下安远炮台旁之石矶相对，江面最狭，去岁桩船、水雷即设其前。现拟于二石矶之上安置二十一生的克鹿卜钢炮各一尊。"[四]这段文字再次点明了在战后筹划添筑炮台之前，安远炮台已经存在，这就意味着安远炮台至迟在战时已经建有了。令人疑惑的是，这份禀报在统计新造炮台和修筑旧台所需经费时却这样写道："约计新造笠山、小金鸡、安远炮台及修筑招宝、小港等处旧台，需费二十万两左右。"[五]从文意中看，显然薛福成又把安远炮台列为战后添筑之台了。这个前后矛盾的说法，成了薛福成留给今天研究者们的最大困惑。

薛福成留下的另外两则史料，倒十分一致。

中法镇海之战后，由他督率稽查在镇海添筑了宏远炮台，并为之作铭，其中记有："又稍进，则金鸡山下与招宝山后，各耸一矶夹江相望，于此分建二台，曰绥远、曰安远。全功以光绪十四年冬造竣。"[六] 按照这条史料，安远炮台则是在战后所建，至迟完成于1888年底至1889年初之时。

1889年6月13日，他向朝廷上奏了《妥筹保护浙江新筑炮台疏》，其中写有："敌船既退，刘秉璋采用臣之条议……派候补知府杜冠英总理筑台事宜……又于甬江中流之两石矶，各筑台一座，置炮二尊。"[七] 奏疏中所谓两石矶，指的就是小金鸡山及其隔江相对的江北石矶。因此薛福成的这段文字表明：分别建在两座石矶上的小金鸡炮台和安远炮台均是战后新造炮台。

2. 杜冠英，1877年委署玉环厅同知。同年，浙抚杨昌濬檄令其至镇海建威远炮台。继任浙抚谭钟麟仍命他在镇海建靖远、镇远炮台。1883年1月29日，清廷授刘秉璋为浙江巡抚。为筹防抗法，刘秉璋委任杜冠英为宁镇海防营务处，经造炮台仍是其重要的工作。战后，又是由他总理添筑炮台事宜。天一阁所藏抄本中录有一份写于1885年冬的禀报《镇海筑台添炮事宜约略估计大数》（下称《禀报》），为杜冠英所作[八]，记有："一、安远炮台工作，已及五六成。现经安置阿姆斯八十磅炮三尊，仍须添置二十一生的钢炮一尊，约计完工需经费二万两有奇。去冬领运阿姆斯上台时，因制造天心铁路，曾向宁局借领洋三千元备用。此外约共用过银九千余两，卑府于镇海厘捐项下挪垫，项已另文请领归款……一、小金鸡台、安远炮台各置二十一生的钢炮一尊，前后开门，须用旋转铁路。此项炮位系地亚士洋行所购，应请饬令该洋行亲自来镇酌定。炮到之

[一] 包明达：《安远炮台建造年代考略》，《读与写》，2007年第3期，第80页。另，《中法战争镇海之役前镇海炮台的布防状况》，《华中师大学报》（人文社会科学版），2008年第4期，转引自网站：国学数典论坛之现代历史研究版块，句章山人原创，认为：安远炮台在战争前后已经开工，完工日期因战后火炮重新统一配置而延后，于光绪十三年（1887年）完工。

[二] 镇海区文物管理部门在1997年5月所立的"镇海口海防遗址—安远炮台"全国重点文物保护单位标志碑碑文中记有："安远炮台建于清光绪十三年（1887年）"。在其2009年所编的《镇海文物大观—宁波市镇海区第三次全国文物普查成果·招宝山卷》，第38页，宁波出版社，则表述为："始建于1885年前后"。

[三] 薛福成撰：《浙东筹防录》，卷一下，光绪十三年刊本，第31页。

[四] 同注[三]，第32页上、下。

[五] 同注[三]，第35页下。

[六] 薛福成：《宏远炮台铭》，《镇海县志》（民国）卷九《海防》，1931年版，第16页下。

[七] 薛福成撰：《出使奏疏》，卷上，光绪甲午刻本，第1页。

[八] 《镇海炮台防堵事宜》，天一阁藏书抄本，转引自《中法镇海之役史料》，第371～372页，光明日报出版社，1988年版。此件史料未标有著者，查其全文，可知：一、此为上报筑台添炮经费情况的禀报；二、写这份禀报的人在开战前参与了筑台之事，在战后仍参与此事，而且自称"卑府"，可见授有知府官职。查符合上述条件的人只有杜冠英。战事吃紧时，杜冠英以宁镇海防营务处的身份经理建筑炮台之事。《浙东筹防录》，卷一下，第31页上："窃职道（即薛福成）接奉钧（指刘秉璋）札，内开：'前据该道建议办理镇海善后事宜，现在炮已购定，所有筑台自应预为布置，……札到该道即便查照，督饬杜守（即杜冠英，太守为清代对知府的别称）周谘博访，妥筹办理，务须坚益求坚，精益求精。'可见，战后杜冠英仍在经理筑台添炮之事。又，《光绪朝东华录》（中华书局，1958年版），册二，总第1972页："丙子（1885年7月20日）。谕。……同知杜冠英，著免补本班，以知府留于原省遇缺即补并赏加三品衔。"可知，桂冠英此时已因功获候补知府官职，并留于原省。

后，经费银需要数十两。（注：银两数可能有误，原文如此）"[一]这两段文字透露出这样的信息：到战后的1885年冬季时，安远炮台已完成五六成，尚需要添置二十一生的钢炮一尊；而在"去冬"，即战前的1884年11月～1885年2月之间，已有三尊八十磅弹阿姆斯特朗前装炮上台[二]。据此来看，那时已有安置三尊火炮的炮台筑成。

后来人对安远炮台的记载有以下几条。

《浙江沿海图说》记有："北岸招宝山炮台三所：……一曰'安远'，十年（1884年）建造，八十磅弹阿姆司脱郎前膛炮三尊、二十一生的克虏卜后膛炮一尊。"[三]

民国《镇海县志》的《海防》卷中记有："安远炮台：在招宝山南麓，光绪十三年（1887年）建造，置克鹿卜二十一生的后膛钢炮一座。"[四]

出自于不同史籍的两条记载，都明确给出了安远炮台的建造年代，但一个在战前，一个在战后。有意思的是，看似明显矛盾的两条史料，在以杜冠英《禀报》为参照物进行比照时，会发现它们其实并不矛盾：

第一，《浙江沿海图说》所记的火炮数量、种型与杜冠英《禀报》所列的一致，而且所记的炮台建造年代与《禀报》中三尊阿姆斯特朗前装炮领运上台的时间也是前后吻合的。因此，《浙江沿海图说》所记的年代当取自于安远炮台开始兴建的时间[五]。

第二，民国《镇海县志》的这条记载，其后标注有："采访册"[六]。这说明在民国时期对安远炮台是进行过实地考察和采访的，而这条记载正是对采访情况的记录。当

时实地采访的情况表明：到了民国时期，安远炮台仅留存有一座建在石矶上的、置有一尊二十一生的克虏伯炮的炮台。这与现存安远炮台遗址的实际状况是一致的[七]。可见，杜冠英《禀报》中所记的安置三尊阿姆斯特朗前装炮的台址，此时已不复存在了。因此，民国《镇海县志》所记的"光绪十三年（1887年）建造"当是专指战后所建用于"置克鹿卜二十一生的后膛钢炮一座"的炮台的完工时间。这与《禀报》所记：战后"仍须添置二十一生的钢炮一尊"也是相吻合的。

按照以上两点来看，这两条史料之所以对安远炮台建造年代的记载不一致，只在于各自在确定建造年代的标准和对象上并不一样。至于安远炮台置有四尊火炮，还是只有一尊火炮这一问题，民国《镇海县新志备稿》的《沿革志》中有一篇《附炮台建设地点及炮座》记有："安远：北岸招宝山南麓，计炮洞四座。"[八]民国《镇海县新志备稿》是在修民国《镇海县志》时一起编修的，并附在其后。由此看来，民国《镇海县志》认为安远炮台完全建成之时应是置有四座炮洞的炮台，这与杜冠英《禀报》所记也是一致的，只是至迟到了民国编修县志之时只剩下了一座炮洞。

另外，民国《镇海县志》的《大事记》中在记叙镇海筹措抗法防务时写道："十年春（1884年2月间），浙抚刘秉璋至镇海相度形势……而招宝山麓、乌龙冈各添筑炮台一：曰定远，曰安远，分兵守之。"[九]此处，它把炮台的位置弄错了，定远炮台应位于招宝山南面山腰处，而乌龙冈有明、暗炮台各一座，由

浙江提督欧阳利见为抗法所建。不过，此篇《大事记》将安远炮台认定为在镇海筹措抗法时添筑，则是明白无疑的。

《浙志便览》第七卷《浙中法事纪略》专述中法镇海之战及其战后筑台添炮之事，其中涉及安远炮台时也出现了"前后不一"的说法："时（指石浦沉船，镇海法事日紧之时）刘抚帅秉璋驻扎省垣……而营务处则任之宁绍台薛道福成。薛察得……其北岸为招宝山，南岸为金鸡山，两山夹峙如门……金鸡山前，海中错出石矶，名小金鸡，与招宝山安远炮台石矶相对"[一〇]。这段描述战前镇海口布防情形的文字清楚地表明开战前已建有安远炮台。然而，接下来这篇纪略在记述筹划战后筑台添炮事宜时则写道："四月（指1885年5月），乃筹划善后之策……宜于小金鸡及招宝山之安远两台，添置二十一生的克鹿卜一尊"[一一]，其后又写道："经费统计，新造笠山、小金鸡、安远及修筑招宝、小港等旧台，须费二十万两。"[一二]显然这回把安远炮台列入了战后添建之台。

此处的矛盾与前面所述第一手史料《勘定镇海口门筑台添炮事宜由》如出一辙。实际上，《浙中法事纪略》正是以《浙东筹防录》为主要史料依据写成的。李应珏在《浙志便览》的凡例中已将此说得很明白："五、六、七卷，因《防海纪略》、《平浙纪略》、《浙东筹防录》等书，各数卷至十数卷，亦难综观，故撮浙中英寇、发匪、法警三次兵事本末，各次一篇。详地势、兵情，立功将帅、节烈忠臣不能偏列。间有褒讥，悉依原本；各附论说，则亦补牢之意也。"[一三]

关于中法镇海之役还有一种史料颇为直观生动，类似近现代的军事地图，却采用中国传统的绘画方法，很具中国近代特色，在这里且称之为战务地图。

现藏于北京大学图书馆的《浙江镇海口海防布置战守情形图》包括正图一幅、分图八幅，绢本工笔，各自都附有文字解说，而且在图中所绘重要内容的旁边或粘签、或注说，用来注释和弥补绘画所不能显示的内容。其中正图为宽82厘米、长487厘米的大型长卷，全景式地描绘了中法镇海之役；分图则分别描述战役过程中的各个重要事件。关于成画的时间，收录此套

[一]《镇海炮台防堵事宜》，天一阁藏书抄本，转引自《中法镇海之役史料》，第371页，光明日报出版社，1988年版。

[二] 包明达先生所作《安远炮台建造年代考略》，也引用了此件史料，但由此得出"1885年冬，安远炮台才第一次安置了大炮"的结论。显然这是对该史料的误读，忽略了史料中："去冬领运阿姆斯上台时，因制造天心铁路，曾向宁局借领洋三千元备用"这句话。不知出于何因，在包先生的文中并未引用此句。

[三]《浙江沿海图说》，《镇海》，朱元正撰，1899年刊本，第9页。

[四]《镇海县志》（民国），卷九《海防》，1931年刊行，第17页下。

[五]《浙江沿海图说》以炮台开建年份作为建造年份的不止安远炮台一处。比如定远炮台也是如此："定远，九年建置"。实际上，定远炮台的完工年份为"光绪十年"。关于安远炮台开始兴建的时间，本文第二部分另有论述。

[六] 同注［四］。

[七] 现存安远炮台遗址的状况在本文第二部分另有详述。

[八] 同注［四］，《镇海县新志备稿》，卷上，第8页下。

[九] 同注［四］，卷一五《大事记》，第19页下，第20页上。

[一〇]《浙志便览》，卷七《浙中法事纪略》，页一下、页二上，李应珏撰，杭城隐吏斋藏版，光绪二十二年刻本。

[一一] 同注［一〇］，第9页上。

[一二] 同注［一〇］，第10页上。

[一三] 同注［一〇］，《凡例》，第4页上。

图的《浙江古旧地图集》称其"绘于清光绪十二年（1886年）"[一]。有论者以此图为战后绘制，又未署有作者和作画时间为由，认为它不是第一手史料，出现与当时史实不符的情况，即图中绘有安远炮台，是不足为奇的[二]。然而，判断此套图的史料价值，其关键并不仅仅在于绘制时间，更重要的则在于它是为何种目的绘制的；又是谁请人绘制的。实际上，《浙江镇海口海防布置战守情形图》的最终成画是一个颇为复杂的过程。这一过程让我们清晰地看到了绘制此套图卷的慎重、严谨和细致，也凸显出其弥足珍贵的史料价值。

浙江巡抚刘秉璋是中法镇海之役的最高决策者，他的二子刘体仁著有《异辞录》，其中记有："镇海之役，李文忠（即李鸿章）电稿载上海电报捷音；薛叔耘（即薛福成）副都《浙东筹防纪略》（即《浙东筹防录》）诩为中外交涉后初次增光之事。先文庄（即刘秉璋）身亲其役，当时绘有战图进呈御览，其副本尚存余家。……镇海击沉法舰，薛副都时任宁绍台道，谓先文庄奏报，全凭诸将领告捷文书，不善描写，未免将捍海奇勋湮没不彰，乃援乾嘉年间新疆回疆之例，绘成战图附说，兹摘抄如下……"[三]上文提到的战图副本，后来到了刘秉璋四子刘体智手中，并于20世纪60年代捐赠给安徽省博物馆。因副本后所附的题跋诗对此套图有"文庄公甲申浙东海防图"的称谓，故安徽省博在编目登记时用了题跋诗上的名字：《甲申浙东海防图》（以下也沿用此名，简称《浙东海防图》）[四]。《浙东海防图》

共十二幅，绢本工笔，每幅宽77.5厘米，长106.5厘米，与《浙江镇海口海防布置战守情形图》一样，各自都附有文字解说，而且在图中所绘重要内容的旁边也有注说，为国家一级文物。

可是，上述《异辞录》所摘抄的"战图附说"只有十则（以下称《战图附说》），也就是只有十幅图，其图目前尚未发现。与《浙东海防图》相对照，两者附说的内容、文字、顺序几乎完全相同，所不同的是：《战图附说》少了《堕炮自伤》一图，并将《浙东海防图》的第三图《机器打桩》、第四图《挑石沉船》合并成《机器打桩、挑石沉船》一图，作为第三图，这样总共就变成了十幅图；在行文上，《战图附说》只作了个别字词的删除或调整，使其更为严谨、简练，更符合策划绘制此图者的意图。据此看来，《浙东海防图》当为《战图附说》的底本，或称之为原稿本，是十分明了的。进一步将《浙东海防图》、《战图附说》与《浙江镇海口海防布置战守情形图》进行对照，一个历经描绘底本、进行修订、完成定稿三个阶段的战图绘制过程就会清晰地呈现出来。

《浙江镇海口海防布置战守情形图》分图只有八幅，比《浙东海防图》少四幅，比《战图附说》少二幅，此间就可以看到从底本到定稿不断修订的脉络。和《战图附说》一样，《浙江镇海口海防布置战守情形图》少了《浙东海防图》中的第十一图《堕炮自伤》；并进一步将《战图附说》中的第二图《各营分段筑堤》与第三图《机器打桩、挑石沉船》合并成《海口调勇筑墙钉桩沉船》，作为第二图。在这里我们看到：从底本的三幅分图：《各营分段筑堤》、《机器打桩》、《挑石沉船》，经过两次合并，最后成为一幅《海口调勇筑墙钉桩沉船》图的定稿过程。这种修订合并的过程是十分清晰的，在附说文字上表现为：将原先三幅分图附说按顺序合并在一起，只对个别字词作一删除，而不作其他修改，两次合并均是如此。在画面的合并上表现为：与合并文字的方法相同，将三幅分图的画面内容叠加组合在一幅图中，其中的人、物、景均与分图一致，有所不同的只在于个别细节比底本画得更为细致，对画面重要内容的注说更详细、精到。这种不同也恰恰反映出了画作不断修订求精的具体情形。

有意思的是，《浙江镇海口海防布置战守情形图》分图中还少了《浙东海防图》中的第八图《上元接仗获胜情形》，也即是《战图附说》中的第七图，这样就只有八幅分图。上元（即正月十五元宵节）之战是中法镇海之役的首战，也是整个战役最为重要的一次战斗，却不把它放入作为定稿的分图里，是何原因？原因很简单，正是因为上元之战的重要性，《浙江镇海口海防布置战守情形图》将描绘此战的《上元接仗获胜情形》扩展成正图长卷。整幅正图以上元之战为绘画主题，描绘范围则大为扩展，起自甬江口外的金塘，止于宁波府城，全景式的再现了镇海—宁波布防战守的情形。其中《上元接仗获胜情形》中的细节，诸如炮目周茂训右胫被击伤，炮兵二名、勇丁一名阵亡等情形均一一移入《浙江镇海口海防布置战守情形图》中，明显地表现出从底本到定稿的形成过程。

经过上述比照，《浙东海防图》、《战图附说》、《浙江镇海口海防布置战守情形图》分别为底本、修订本、定稿是清晰明了的。再与《异辞录》的记载相参照，显然《浙江镇海口海防布置战守情形图》就是刘秉璋进呈御览的战图，《浙东海防图》则是收藏于刘秉璋儿子家里的副本，只是其中的修订本《战图附说》只留存下了附说，图至今未得发现。也就是说，《浙江镇海口海防布置战守情形图》是由

[一]《浙江古旧地图集》，浙江省测绘与地理信息局编，中国地图出版社，2011年1月版，第114页。编者所用的这一绘制时间，当来自于收藏此图的北大图书馆。

[二] 包明达：《安远炮台建造年代考略》，《读与写》，2007年第3期，第80页，"图上有一段跋，对1885年3月中法镇海之役经过作了叙述：'光绪十一年三月初一日停战，四月二十七日和约议定，五月十六日法船尽退。谨将先事布置及临时战状绘成正图一幅，分图八幅，各系以说。'从这幅图上来看，并不像《安远炮台建造年代考》（炎师）一文所说'系当时绘制。'应是战后绘制。'谨将先事'四个字就能完全证明笔者论证的正确。既然该图不是当时绘制，在图中标有'安远炮台'就不奇怪了。……详阅该'图说'差错甚多，如镇海中法之役发生在1885年3月，而该'图说'却说成是1884年了。"在这里，包先生误读了图中的'附说'。很明显，"先事"这个词应与"布置"相联系，而不是包先生这样的分句，"先事布置"与"临时战状"是并列的两组词，意为："战前布置"与"战时情形"，此图绘制的也正是这两方面的内容。所以，包先生以此将其理解成这幅画是记录先前发生的战事，即绘图时间距战事已有相当长的时间，是站不住脚的。当然，此图肯定为战后所绘，因为此图描述的是整个战役的情形，只有战役结束后，才有可能绘制得出，但这并不能说明此图就不是当时所绘。且做一假设情景：战役结束后，当事主官随即请人绘制此图，虽为战后所绘，但确可视为系当时所作。至于包先生指出此图"附说"中差错甚多，实是再次误读。"附说"中明确记有："十一年（即1885年）正月十四日戌刻，法船四艘驶入蛟门（位于镇海甬江口外）。……十五日（即3月1日，战事打响）未刻，法船纽回利高挂红旗，猛扑招宝山炮台"。可见并未如包先生所言将战事说成在1884年发生。实际上，如果按照"附记"的思维形态，即站在清朝的立场和视角去看这场战役，它的记载没有错误。

[三] 刘体仁：《异辞录》，卷二，转引自《清代历史资料丛刊》，上海书店影印，1984年12月版，第35页下、第38页上。

[四] 黄秀英：《安徽省博物馆藏〈浙东海防图〉》，《文物》2009年第9期，第95页。

统筹宁波镇海抗法全局的薛福成策划主持请人绘制的，用于向朝廷上奏浙江巡抚刘秉璋等镇海抗法之功的战务地图。因此，将其视为当时人为当时事所作的第一手史料是恰当的。尽管此图策划者的目的只是为了让远在千里之外的中央朝廷能够直观、形象、生动地一睹此役的整个过程，对他们这些"身亲其役"的官员们建此"捍海奇勋"留下深刻印象，以期封赏。但是，对我们来说则得到了弥足珍贵的第一手形象史料。另外，考虑到绘制此图所要耗费的时间，《浙江古旧地图集》采用战役结束后的下一年，即1886年作为绘制完成的年份，是恰当的。

《浙江镇海口海防布置战守情形图》正图附说在记述战前镇海炮台布防时写道："镇海为甬江入海之口，南金鸡山、北招宝山……北岸招宝山旧有炮台一座曰威远；南岸金鸡山及小港口有炮台二座，曰靖远、曰镇远。三台炮兵皆以守备吴杰管带。至是，北岸复添定远、安远二台；南岸亦增天然、自然二台。"[一]在正图中也描绘有安远炮台，并在旁注说："安远炮台守备吴杰管带"（图2）。对安远炮台描绘最为细致的则是《浙江镇海口海防布置战守情形图》分图第六图，也就是其底本《浙东海防图》第九图《再毁法船之状》（图3）。显然，这套图明确地将安远炮台列为战前布防时所筑的炮台，而且还参加了此次抗法之战。

值得注意的是，尽管上述诸史料中存在着"矛盾"，但其中有一点则是非常一致的：有言及战后添筑安远炮台的，要么是建在甬江北

图2　正图（局部）中的安远炮台[二]

图3　《浙东海防图》第九图《再毁法船之状》（局部）中的安远炮台

岸石矶之上，要么是用于安置一尊二十一生的钢炮，二者必居其一，或二者兼而有之。因此从诸多史料记载的一致性上来看，关于这一点的记载应当是确实可靠的。

综上所述，诸史料中的第一手史料，包括生动直观的战务地图，其中对安远炮台的记载皆出自于当事人，它的真实性、可靠性当无疑义。第二手史料则以第一手史料为基础整合而成，或是实地考察采访所得，也是确实可信的。这主要表现在：第一手史料中的"矛盾"之处，同样出现在的第二手史料中，两者之间同出一辙。既然无论是第一手史料，还是第二手史料，都是真实可信的，那么史料中让今人疑惑的安远炮台建造时间"前后矛盾"的记载，又是何缘由？当事人为何会有这种让人困惑的记载？有意思的是，这种"矛盾"，往往出现在原本不该也不能出现的向上级报告的禀报之中。这里似乎透露出这样的一个信息：今人看来所谓的"矛盾"，对于当事人来说其实并不矛盾。那么这其中又有什么曲折原委呢？

为此，笔者试图通过搜寻尚未被引用的史料，并结合遗址实地调查，来揭示个中缘由。

二 补充和印证

为了解开诸史料中的"矛盾"之结，研究者们给出了上述不同的推定，可是每一种推定要么顾此失彼，要么言之大概，且没有另外的史料支撑印证，总有牵强之感。因此，能否搜寻到这些史料成为解开此中"矛盾"的关键。

欧阳利见是中法镇海之役中的一位重要将领，1881年授浙江提督，第二年抵宁波接印视事。1883年法事日紧，欧阳利见积极着手筹划浙省防务，并率所部湘军在以金鸡山为中心的甬江南岸一带布防。他虽为提督全省军务的高级将领，却在开战之前就已坐镇前沿阵地，坚持在浙省抗法的第一线指挥战斗。战后，欧阳利见将当时往来的公私函牍、电报等汇集成《金鸡谈荟》十五卷，为我们留下了直接记录当时军情的第一手史料。

《金鸡谈荟》中收录有宁镇营务处杜冠英于1885年2月12日写给欧阳利见的一封信函（下称《杜丞来函》），其中写道："顷又奉抚宪（指刘秉璋）电示，官轮不敢进又不敢退，徘徊浙洋（指援台南洋五舰徘徊于浙洋，而此时法舰已南下前来追截），大有引敌之势。……刻已将沉口大船

[一]《浙江镇海口海防布置战守情形图》，《正图》附说，北京大学图书馆善本室藏；亦见《中法战争镇海之役史料》，光明日报出版社，1988年12月版，第1页。

[二]《浙江镇海口海防布置战守情形图》，《正图》，北京大学图书馆善本室藏。

69

移抛口门，水雷亦均埋伏，新筑炮台曾将领来阿母斯脱郎三尊安置定妥，炮门上盖木明日可以完工，并嘱吴守备将麻袋、溜网、棕荐等件堆护其上。"[一]这个在临近开战之时才完工的新筑炮台指的是哪座炮台呢？

《杜丞来函》写于开战之前，第一部分中所提及的《禀报》也是出自这位负责经造炮台的杜冠英之手，则写于战役结束后。两相比照，它们对于炮台火炮安置的记载是一致的。《禀报》中称：在"去冬"即去年冬季，也就是1884年11月～1885年2月间，领运三尊八十磅弹阿姆斯特朗前装炮上安远炮台。按《杜丞来函》所记，在新筑炮台上也同样安置了三尊阿姆斯特朗炮，而且到1885年2月13日才最终完成了炮门[二]的盖木和防

图4 《浙东海防图》第八图《上元接仗获胜情形》（局部）中的安远炮台及东岳宫长城

护等工作。由此可知，新筑炮台将三尊炮领运上台的时间与《禀报》中所记的时间也是一致的。显然，两则史料在火炮的种型、数量和安置时间上的记载都是一一对应的。但据此就推定新筑炮台即为安远炮台，似又有论据单薄之嫌。

《金鸡谈荟》还收录有一封信函，是3月1日，即中法镇海首战当天，驻守甬江北岸的淮军抚标亲兵营统领记名提督杨岐珍写给欧阳利见的。信中谈及自己遵饬进行临战部署时道："右营帮带蔡镇（即蔡邦清）带二哨，分屯洋关、福建会馆；亲兵一哨，带格林、过山各炮在东岳宫长城，兼助新开炮台"[三]。这则史料提供了两个信息：一、新开炮台在东岳宫及其长城[四]旁边；二、当时东岳宫长城驻有亲兵右营一哨。查第一部分所述的《浙东海防图》第八图《上元接仗获胜情形》，绘制的也正是首战情形。由于画此图时选取的视角关系，只绘有安远炮台一个角，但附注有"安远炮台"的字样；在其近旁则绘有一段长城并有兵卒防守，其附注正是"亲兵右营队伍"（图4）。两相参照，即可知：一、图中安远炮台近旁的长城即为东岳宫长城；二、信中"新开炮台"即为安远炮台。

实际上，此图在东岳宫长城旁还绘有东岳宫，只是没有注说，需要用其他史料辅证。1883年11月22日，镇海筹防期间

欧阳利见在写给闽浙总督何璟的信中说："所有镇海口门之北岸，现以由省调来之亲兵中营驻扎，以三哨分驻东岳宫，两哨分驻招宝山。"[五]对照图中的注说，在安远炮台旁的营房上方正好注有"亲兵中营"字样，因此这个营房就是东岳宫的所在地。而且，图中所绘东岳宫的位置与民国《镇海县志》所记也是一致的。再者，我们也可以从《浙东海防图》第九图《再毁法船之状》（图3）中清楚地看到安远炮台、东岳宫长城和东岳宫之间的位置关系，和文字史料所记的一样。

有论者认为："最全面记载中法战争镇海之役的两部著作薛福成《浙东筹防录》、欧阳利见《金鸡谈荟》也未提到安远炮台建置于光绪十年（即战前）的记载"[六]，并以此作为论据之一否认安远炮台建于战前，从现在看是站不住脚的。他还以"查阅欧阳利见《金鸡谈荟》中'自然炮台碑记'、镇海民国县志薛福成'宏远炮台铭'、杜冠英的'威远、靖远、镇远、定远炮台碑记'等都没有记载所谓安远炮台在光绪十年建置的文献记录，或者说在1885年中法镇海之役中已建成安远炮台"[七]来作为论据。《自然炮台碑记》撰于光绪九年，当然不可能记有光绪十年安远炮台之事。宏远炮台是战后才添筑的炮台，因此《宏远炮台铭》不提及战役结束之前所筑炮台之事也在情理之中。杜冠英的《威远、靖远、镇远、定远炮台碑记》倒是最值得关注，因为所记载的不仅有甬江北岸战前已有的炮台，而且还有为此战新筑的炮台。查碑记中只记载了一座为此战新筑的定远炮台，它"于甲申四月（1884年4月25日～5月24日）蒇事。"[八]安远炮台的规模不比定远炮台小，但杜冠英并未在此时一并记载。在笔者看来，这里恰恰透露出一个颇有意味的信息：时至1884年4～5月间，安远炮台尚未开始兴建。这与上述史料中关于安远炮台建于战事日益迫近之时的记载是吻合的。

另外，还有一套战务地图，名为《浙东镇海得胜图》，纸本彩绘，共12幅图及2篇附图序文，由欧阳利见所部的将领们集资请画师绘制于这次战役结束后的当年，即1885，其意是想把欧阳利见此战的功绩"将来载之志乘，以纪其实"[九]。其中的第一幅图描绘的正是中法镇海首战的情形，图上在安远炮台所在的位置也标注有"新炮台"的字样，与《浙东海防图》中所绘的位置一致（图5）。这就

［一］欧阳利见撰：《金鸡谈荟》，卷五，1889年，第6页下、第7页上。

［二］所谓"炮门"，是薛福成、杜冠英等人对炮台火炮发射口的称谓。当时对炮台各种构成的称谓，于下另有详述，此不赘述。炮门的防护工作，只有在火炮安置好之后才能最后完成。

［三］欧阳利见撰：《金鸡谈荟》，卷六，1889年，第21页下。又，同书，卷七，第9页下；欧阳利见致各督抚《连日战守情况简报》中亦有上面正文所引用的相同记载。

［四］所谓"长城"是指清军沿甬江两岸修筑的堤卡围墙等防御工事，其中修筑在东岳宫附近的，就称之为"东岳宫长城"。

［五］欧阳利见撰：《金鸡谈荟》，首卷，1889年，第16页下。又，军机处录副：《刘秉璋奏海防采办军火及沿海修建炮台等款开单》，中国第一历史档案馆档案，转引自《中法战争镇海之役史料》，第143页："亲兵中营总兵黄瑾驻防镇海修筑东岳宫、威远城等处营房三十四间，工料洋七百五十圆。"可见图中所绘亲兵中营的营房系在东岳宫修筑而成。

［六］包明达：《安远炮台建造年代考略》，《读与写》，2007年第3期，第80页。

［七］同注［六］。

［八］《镇海县志》（民国），卷九《海防》，第16页上。

［九］《浙东海防得胜图》，浙江图书馆藏，其中的《浙防纪实图序》称："部下如云之将见公（欧阳利见）布置两年，倍尝辛苦，交绥数次，叠奏功勋。于是同仁集资遣绘工图其事。其防营分屯处所，各绘一图，鸡山迎敌、蛟水平夷另分两图，将来载之志乘，以纪其实。"

图5 《浙东镇海得胜图》第一图（局部）在安远炮台的位置处标注有"新炮台"字样

直观清晰地表明：上述两条文字史料记载的所谓"新筑炮台"、"新开炮台"实际上就是安远炮台。

综上所论，通过建造的时间、安置的火炮、所在的位置诸方面的考证，都表明"新筑炮台"、"新开炮台"、"新炮台"就是《浙江镇海口海防布置战守情形图》和《浙东海防图》中所绘的安远炮台。它在战前的1885年2月13日最后完工，15天之后就参与了抗击法舰的首次战斗，只是此时尚未被命名。在此基础上，再来考察第一部分所引诸文字史料中有关战后添筑安远炮台的记载，则可以明确这样一点：安远炮台是由开战前所建的和战后添建的两个部分构成。

再查记有"安远炮台"这个名字的现

存诸史料均是在中法镇海之战结束之后形成的；在开战前、战时，甚至战后不久的史料中则分别用"新筑炮台"、"新开炮台"、"新炮台"暂作指代。看来，安远炮台建筑于形势日益吃紧、战事日益迫近之时，当时已经没有闲情给它取个名号了。因此，联系第一部分所引录的诸史料，合乎情理的推断则是："安远炮台"的取名时间应当是在战后筹划在其旁石矶上添筑炮台之时。

幸运的是战后所绘的《浙东海防图》已用上了"安远炮台"这个称谓，这为我们今天能够确认上述史料中有对安远炮台的记载提供了珍贵的依据。至于也是在战后绘制的《浙东镇海得胜图》仍使用"新炮台"的称谓，可能是因为它绘制的时间早于《浙东海防图》，此时安远炮台尚未命名。其更深层的原因还在于湘军、淮军两个集团在镇海的利益牵扯。欧阳利见属湘系将领，虽为浙江提督，但按清朝体制仍要受淮系出身的浙江巡抚刘秉璋的节制。因此出于集团利益，欧阳利见受到了淮系集团的多方排挤[一]。战后筹划增筑炮台之时，淮、湘两个集团也是以甬江为界划定地段，淮系势力所在的甬江北岸欧阳利见是不会、也不能去插手的[二]。因此，即使此时已取好了"安远炮台"的名号，欧阳利见也不见得能够及时知道。于是，各自由淮、湘两个集团绘制的两套战务地图中，淮系所绘的已用上了"安远炮台"的名号，而湘系所绘的还在沿用"新炮台"的老叫法。

安远炮台在形势日紧、战事日近之时建造，却在战后为其增筑新炮台之时才取名的这种特殊情况，并不为今天的研究者们所知，这正是造成他们认为史料中存在建造年代"矛盾"的主要原因所在，而对于当时当事的各级官员来说，自然是清楚这一情况的。他们对开战前建成的、战后拟建的不作区分，都通称为"安远炮台"，从语言表达上来看，是合乎通常的表达习惯。但问题在于：当事人是否能够从这样的表述方式中清楚地知道信函中的"安远炮台"指的到底是开战之前的，或是战后添建的，抑或是包括两者统而言之的。按照常理，如果这种表述方式让当事人产生歧义，那么即使符合语言表达习惯，当事人也是不会采用的。查直接使用"安远炮台"称谓的诸第一手史料，当事人虽然没有在文字上明确写有"开战前"或"战后"，但从表述的文义上来看则是十分清晰明确的。——赘述如下。

首先来看最让今人困惑的《勘定镇海口门筑台添炮事宜由》。一开始薛福成在这份给刘秉璋的禀报中写道：按照刘的指令，"职道于本月十二日驰赴镇海，会同统领亲兵小队等营钱提督玉兴及杜守冠英等，遍历招宝山、小金鸡山、安远炮台暨小港口之笠山台等处，周览形势，商度机宜"。从文意来看，这是记述薛福成等人在战后实地考查镇海的情形，此处提到的安远炮台必是开战之前所建的部分，这对于刘秉璋来说是不会有歧义的。然后他详细地描述了拟添置二尊二十一生的克虏伯钢炮各自的具体位置："查镇海口门形势，右金鸡，左招宝，而金鸡山前麓海中有石矶一座，名曰小金鸡山，与招宝山下安远炮台旁之石矶相对，江面最狭，去岁桩船、水雷即设其前。现拟于二石矶之上安置二十一生的克鹿卜钢炮各一尊。"显然，此处的安远炮台仍是指开战之

[一] 薛福成，《浙东筹防录》，自序，光绪十三年刊本，第1页下："两统领（系指淮军统领杨岐珍和钱玉兴）之军及炮台兵轮，仍总统于提督（欧阳利见），而皆遥节度于中丞（刘秉璋）。中丞传宣号令、筹议大计，悉下营务处。凡战守机宜，无巨细，一埠遗之。"由此可知，当时被刘秉璋委以宁防营务处的薛福成，握有统筹抗法第一线宁波镇海海防全局的重权，并听命于刘秉璋，而欧阳利见虽为浙江提督，实际上却是有职无权。对此，欧阳利见曾感叹："刻下各军，其名归我节制，其实伊等自作自为，真一统领之不若也。"（见欧阳利见撰：《金鸡谈荟》，卷二，1889年，第28页下。）另外，欧阳利见还称："九年秋冬，边防渐紧，当事（刘秉璋）与我划地而守，独举镇海南岸（甬江南岸），让我一人，犹云：'毋过雷池一步也。'"（见欧阳利见撰：《金鸡谈荟》，卷十四，1889年，页终。）由此可知，刘秉璋入主浙省后，欧阳利见的湘系势力被限制在甬江南岸（实际上仅限于以金鸡山为中心的前沿阵地）一隅。

[二] 薛福成，《出使奏疏》，卷上，光绪甲午刻本，第1页：战后新筑炮台"经始于光绪十一年，由抚臣檄派驻北岸之总兵黄锦文等所部淮军三营；驻南岸之提臣欧阳利见所部达字等营，分任工段，划定地段，各专责成。数年之间，淮勇趋事勤奋，克期蒇功。惟南岸各营，稍形疲玩，往往期限已迫，工程尚无端绪。"

前所建的部分，而计划新建部分的位置则在其旁的石矶上。最后，他在统计新造炮台和修筑旧台所需经费时写道："约计新造笠山、小金鸡、安远炮台及修筑招宝、小港等处旧台，需费二十万两左右"。联系上下文可以很清楚地看到：此处的新造安远炮台显然是指战后拟建的部分，即拟建在招宝山下开战前所建炮台旁的石矶上，用于安置二十一生的克虏伯钢炮的那部分炮台。可见，薛福成的这份禀报对安远炮台的表述是清晰明了的，刘秉璋对此是不会产生歧义的。

薛福成在《宏远炮台铭》及战后上奏的《妥筹保护浙江新筑炮台疏》中所记的安远炮台都是指战后新建的，这对于今人来说也是一目了然的[一]。而且，薛福成在这两则史料中还透露出一个明确的信息：所谓战后新建的安远炮台，指的就是建在石矶上的那座。反过来说，石矶旁的炮台不是战后新建的。

杜冠英在《禀报》中几次提到安远炮台，其中的含义又与薛福成的有所不同，但也是清楚明了的。杜冠英在第一条中记述了安远炮台的总体建造情况，其中既有"去冬"（即开战前的1884年11月～1885年2月间）已领运上台的"阿姆斯八十磅炮三尊"；又有战后还要新添置的"二十一生的钢炮一尊"。显而易见，此处的安远炮台是对开战前和战后两部分的统称，所以杜冠英会在1885年冬尚在筹划战后新建炮台之时称："安远炮台工作，已及五六成。"这已完成的"五六成"工作当是指"去冬"安置的三尊八十磅阿姆斯特朗前装炮。《禀报》第七条则记述了计划在安远炮台安置一尊

二十一生的克虏伯钢炮的具体细节，显然此处提到的安远炮台必是指战后新建的部分，这对于当事人和今人都不会有歧义。

另外，《禀报》第二条所记的虽是小金鸡山拟建炮台之事，但与安远炮台有着密切的关联。此条是这样写的："一、小金鸡山拟筑台安置二十一生的钢炮一尊，须凿平山顶，填补缺陷，以成台址。其建筑之法，一如安远炮台大炮洞式，再加三合土营房、围墙，约需经费银二万两。"[二]所谓"炮洞"是薛福成等人对炮台中主体构筑的称谓，即一座炮台包括一座或若干座炮洞，每座炮洞安置一尊火炮。炮台有几座炮洞就有几尊火炮，炮洞中设有炮门，作为火炮的发射口[三]。值得注意的是，杜冠英在此处用了"大炮洞"，而非"炮洞"，这是为了与安远炮台其他三座炮洞加以区别而特意如此写的。安远炮台开战前安置的三尊火炮为八十磅弹阿姆斯特朗前装炮，无论是口径、体量，还是炮架规模都无法与战后拟添的二十一厘米口径克虏伯后膛炮相比，因此与前者相比，安置后者的炮洞自然是"大炮洞"。"大"是相对于"小"而言的，这样的用词方式清楚地表明：在这位具体经造炮台的杜冠英眼里，安远炮台中既有"大炮洞"，还有"小炮洞"。也就是说，安远炮台由开战前所建的"小炮洞"和战后将要拟建的"大炮洞"两个部分构成。再者，"一如安远炮台大炮洞式"的小鸡山炮台拟安置的火炮种型及所需银两，与第一条所记安远炮台战后拟添的一模一样。这再次表明，安远炮台中的"大炮洞"就是战后拟建的那

座。因此，杜冠英在《禀报》第一、二、七条中的记载实际上已经为今天的研究者们透露出了建造安远炮台的部分历史真实。

至于战务地图中的记载，即使对于今人也是十分明确的，指的都是开战前建成的那部分安远炮台，而且它还在细节之处表现出记录历史的严谨性。从现在搜集到的史料来看，安远炮台在开战之前置有三尊阿姆斯特朗前装炮，在战后添置了一尊克虏伯炮。因此，战务地图中的安远炮台只能有三尊火炮，如果是四尊、或是一尊，那都是要到战后才有的。查《浙东海防图》第九图《再毁法船之状》（图3）描绘有安远炮台的具体样式，炮台中安置的火炮正好是三尊。

同样，现在再来看那些第二手史料，它们对安远炮台的记载也已变得明确清晰，不再会有当初的困惑。而且，从对安远炮台遗址的实地考察来看，上述诸种史料的记载与遗址的情状是相吻合的。

现存的安远炮台遗址位于招宝山南麓，但它并不紧挨着招宝山山脚，紧挨山脚的是1997年建成的纪念中法战争镇海之役胜利纪念碑，它的对面才是安远炮台，中间有一条通往码头的水泥路将两者隔开（图6）。从现存的安远炮台本体到山脚下纪念碑的直线距离大约近20米，这一带当时为甬江北岸的滩涂，而不是现在人工建筑的陆地。一座如此规模的炮台不建在靠近山脚的坚实石基上，反而要将它建在离开山体较远且绵软无支撑的滩涂之上，这是不可想象的。实际上，在20世纪90年代整治安远炮台遗址周边环境时发现，它确如史料所记的一样，是建在从招宝山山脚延伸出来的石矶之上的。而且当时在纪念碑及其水泥路这一带也发现了诸多为修筑炮台而夯筑的三合土遗迹。因此，现在纪念碑所在的位置应当就是开战前所

［一］上述薛福成的两条史料在本文第一部分中均已引录，为行文简洁，在此不再重复。以下亦略去第一部分已引录史料的具体内容。

［二］《镇海炮台防堵事宜》，天一阁藏书抄本，转引自《中法镇海之役史料》，光明日报出版社，1988年版，第371页。

［三］如，《镇海炮台防堵事宜》，天一阁藏书抄本："现拟于二石矶之上安置二十一生的克鹿卜钢炮一尊。其炮洞须开前后炮门，……以便攻前击后"。又如，薛福成：《出使奏疏》，卷上，光绪甲午刻本，第1页："北岸招宝山旧炮台之下层，添一炮洞，置炮一尊。"又如，《镇海县新志备稿》（民国），《附炮台建设地点及炮座》："安远：北岸招宝山南麓，计炮洞四座。"诸如此类的史料尚有许多，内中"炮洞"的含义均如上文所述。

［四］照片的右下角为现存安远炮台遗址所在的位置，山脚下为中法战争镇海之役胜利纪念碑，两者中间为水泥路。

图6 安远炮台遗址所在的地理位置［四］ （李根员提供）

建炮台的位置；战后在其旁石矶上建造的炮台就是现存的安远炮台。

再将现存安远炮台遗址的炮洞形制、炮床样式等实物遗存与史料记载相互比照，可以进一步确定它是战后添筑的那座。薛福成在《勘定镇海口门筑台添炮事宜由》中称：战后拟建的安远炮台，"其炮洞须开前后炮门，炮床或用两头千斤柱，铁路六条，如轮船炮架式样。或用当中千斤柱，下安旋转铁路，如小港台旧置四十磅克鹿卜炮床式样，以便攻前击后，防敌船于和战未定之先混驶入口，开战时反从内攻出，我炮外向，不能回击，如去岁马江覆辙，此亦事机之切要者。"[一] 这里将炮洞上开炮门的具体要求已说得很明确，至于炮床的具体式样还没有最后确定。杜冠英在《禀报》中则将炮床的式样记录得很清楚："一、小金鸡台、安远炮台各置二十一生的钢炮一尊，前后开门，须用旋转铁路。此项炮位系地亚士洋行所购，应请饬令该洋行亲自来镇酌定。"[二] 可见，当时选用了旋转铁路的炮床式样。现存的安远炮遗址采用的正是炮洞前、后开炮门的形制；在炮洞内的正中处尚留有曾安置过旋转铁路的轨道遗迹，其上安置的一尊火炮已不存（图7）。

由此看来，民国《镇海县志》编撰者组织实地采访时所得的情况与现存的安远炮台遗址状况大体相同：仅留存了战后添筑的那部分炮台，开战前所建的那部分炮台已不复存在。所以县志按照纲目体的体例分类别目，在其《海防》中记了当时采访所得："安远炮台：在招宝山南麓，光绪十三年（1887年）建造，置克鹿卜二十一生的后膛钢炮一座"；而在其《沿革志》中记的则是安远炮台的总体概况："安远：北岸招宝山南麓，计炮洞四座。"

至于，安远炮台战后添筑部分的具体完工时间，第一手史料记载得不是很明确。薛福成在《宏远炮台铭》中称：战后新建的宏远、平远、绥远、安远四座炮台及威远炮台加营炮洞"全功以光绪十四年冬（1888年）告竣"[三]。他在《妥筹保护浙江新筑炮台疏》中也称：上述诸炮台"至光绪十四年十月（1888年11月），各台次第告成"[四]。薛福成虽然记录了战后诸座新筑炮台最后完工的年份，但各台完工自有先后，因此不能据此确定安远炮台新筑部分完工于1888

76

图7 现存的安远炮台遗址（李根员提供）

年。负责具体经造炮台的杜冠英在《禀报》中称：各炮台"筑台拟明春（1886年）先筑地址，炮洞、炮门应用洋木、铁板均可先做。冬间炮到，再行建筑炮身。营勇得力约二年可以蒇事。"[五] 按此推算，最早可于1887年的年内完工。第二手史料民国《镇海县志》对此的记载倒比第一手史料更明确。笔者因其记有明确的年份，且系当时实地采访所得，故以此为据将1887年作为安远炮台战后所建部分完工的时间，这应当符合历史的真实。当然将其定于1888年，也未尝不可。

三　结　论

综上所论，安远炮台的建造过程颇费周章，按现有的史料和遗址现状，只能疏理出其建造的大致情状。随着中法形势日益紧张，1883年6月20日清廷谕令包括刘秉璋在内的有关各级官员"将沿海防务实力筹办，认真布置，不可虚应故事，徙令外人轻视。"[六] 于是，作为"全浙咽喉"的镇海，各项筹防工作也随之展开。在1883～1884年间，建造完成的天然、自然、定远炮台及招宝山下小炮台、金鸡山土炮台位于甬江口门两岸，均属镇海口防御体系中的最前沿炮台阵地。从地理位置来看，安远炮台则属于炮台阵地的纵深配置[七]。构筑防御工事自有轻重缓急，因此在建成最前沿诸炮台之后再修筑安远炮台是情理中事。

这样的背景下，在甬江北岸定远炮台建成的1884年4、5月份之后，安远炮台才得以开始建造。它建在招宝山南边的山脚下，与东岳宫相近，用三合土构筑，设三座炮洞。1885年2月13日，三尊八十磅弹阿姆斯特朗前装炮领运上台安置妥当，并完成了对炮门上盖木等的防护工作。15天之后，即3月1日，中法镇海之役首战爆发，安远炮台随即投入战斗。炮台的修建正逢形势日益吃紧、战事日益迫近之时，当时已没有闲情为它取名。于是，作为开战前刚刚建成的新炮台，当时之人就很自然的以"新筑炮台"、"新开炮台"或"新炮台"暂为代称。

1885年4月15日中法停战以后，为进一步加强镇海海防，在浙江巡抚刘秉璋的支持下，薛福成等人开始着手筹划构筑镇海战后的炮台防御体系[八]。经过一番努力，刘秉璋争取到经费，随后"檄饬浙省支应局订购德国克鹿卜二十四生的后膛钢炮二尊、二十一生的后膛炮

[一] 薛福成撰：《浙东筹防录》，卷一下，光绪十三年刊本，第32页下。

[二] 《镇海炮台防堵事宜》，天一阁藏书抄本，转引自《中法镇海之役史料》，光明日报出版社，1988年版，第372页。

[三] 《镇海县志》（民国），薛福成撰：《宏远炮台铭》，卷九《海防》，第16页下。

[四] 薛福成撰：《出使奏疏》，卷上，光绪甲午刻本，第1页。

[五] 同注 [二]。

[六] 《清实录·德宗景皇帝实录》，第五十四册，卷一六三，中华书局影印版，1987年5月版，第294页。

[七] 薛福成在规划战后镇海炮台防御体系时将安远炮台所处的位置说得十分清楚："将来一有海警，当以笠山大炮台为第一重门户，而招宝山居第二重，小金鸡山、安远两炮台尤在后路。"（见《浙东筹防录》，卷一下，光绪十三年刊本，第34页下。）按，战时尚未建有笠山炮台，因此与招宝山炮台同处甬江口门的诸炮台成为第一重门户，安远炮台则居第二重了。

[八] 李应珏撰：《浙中法事纪略》，《浙志便览》卷七，杭城隐吏斋藏版，光绪二十二年刻本，第9页上，亦称："（光绪十一年）四月，乃筹划善后之策。"这与上文所述的时间是一致的。

五尊"[一]，并发函饬令薛福成"所有筑台自应预为布置，以免炮到无所安置"[二]。为此，薛福成于11月18日驰赴镇海，会同杜冠英等人实地考察镇海口门，确定添筑炮台的具体位置。他们计划在这座"新炮台"旁边的石矶上安置一尊二十一生的克虏伯后膛炮，并将它们正式命名为"安远炮台"。大约于1886年春季，在石矶上开始兴建炮洞。先筑基址，然后用三合土夯筑炮洞，前后各开一个炮门。炮洞当中置千斤柱，铺旋转铁路作为安置一尊二十一生的克虏伯后膛炮的炮床，以便攻前击后。此项工程于1887年完成。

完工后的安远炮台，共计炮洞四座，其中三座位于招宝山山脚下，各置八十磅弹阿姆斯特朗前装炮一尊；另外一座建在旁边的石矶上，内置二十一生的克虏伯后膛炮一尊。民国修《镇海县志》起于1919年，成于1923年，在此期间编志成员对安远炮台进行了考查采访。从当时所得的情况来看，开战前所建的三座炮洞已不复存在，只留存有战后添筑在石矶上的一座炮洞。此后，安远炮台在抗日战争期间作为防御工事，又在局部进行了加固、改建。

[一] 薛福成撰：《妥善保护浙江新筑炮台疏》，《出使奏疏》，卷上，光绪甲午刻本，第1页。

[二] 薛福成撰：《勘定镇海口门筑台添炮事宜由》，《浙东筹防录》，卷一下，光绪十三年刊本，第31页上。

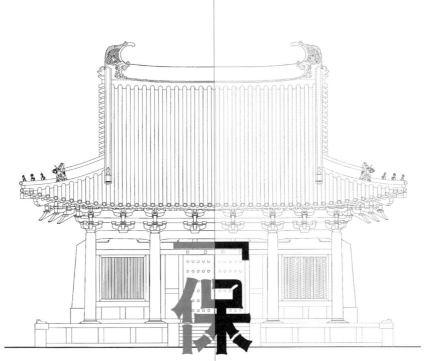

「保国寺研究」

叁

【保国寺大殿厅堂构架与梁额榫卯】[一]

——《营造法式》梁额榫卯的比较分析

张十庆 · 东南大学建筑研究所

摘　要：榫卯做法是我国古代木构建筑的主要构造特点，具有相应的时代性和地域性特征。本文以保国寺大殿为例，探讨江南宋代厅堂构架的梁额榫卯做法，并与《营造法式》的相关内容进行比较，希望以此梁额榫卯为线索，推进对宋代南北木构建筑技术的认识。

关键词：保国寺大殿　梁额榫卯　营造法式

[一] 本文为国家自然科学基金课题（编号 51378102）和高等学校博士点基金课题（编号 20120092110057）的相关论文。

一　木构架与榫卯技术

（一）古代木构建筑的榫卯特色

榫卯做法在我国古代木构建筑发展上有着悠久的历史，早在6000年前的河姆渡建筑遗址上，已有了成型的榫卯做法。榫卯做法成为此后中国木构建筑技术进步的一个重要指标。至唐宋时期，榫卯做法愈趋纯熟，宋《营造法式》中即记录有部分宋式榫卯做法。宋代以来应是木构榫卯技术发展的重要时期。

榫卯是木作构件连接的自然构造做法，其作用在于连接与固定相交构件。将分散的构件或单元构架连接成一个整体构架，是中国古代榫卯技术的出发点和特色所在。以预制拼装为特色的中国古代木构建筑，正是通过榫卯的构造方式而实现的。榫卯结合的方法是中国古代木构建筑的一个主要构造特点。

（二）构架整体稳定性的技术方法

中国古代木构建筑技术的发展上，构架整体稳定性一直是长期以来的技术追求，且相应于时代、地域及构架体系表现出不同的技术方法。而榫卯技术则是古代木构建筑保持构架整体稳定性的一个重要方法。

对于构架整体稳定性而言，防止拉脱散架的榫卯构造做法是一种有效的方法，尤其对于连架式厅堂构架更为突出，其构架的整体稳定性依赖于各榀架之间的串额连枋的拉结，榫卯技术的发达程度直接决定着相关构造节点的功效。因此，构架拉结的强化，成为古代木构架整体稳定性的一个关键。

相应于构架体系及地域性构架的差异，榫卯技术发展亦各具特点。厅堂构架注重拉结联系，在榫卯做法上亦有相应的表现。就地域性而言，榫卯做法是南方木构技术先进的一个表现，相对于北方殿阁构架体系，南方厅堂构架的榫卯技术更为发达。

榫卯的初衷是有效地连接构件，针对不同部位及连接要求，又形成不同的榫卯形式。且随着技术进步，榫卯构造做法也在不断改进，以增强榫卯的连接作用和效果。对于南方厅堂构架整体稳定性而言，立柱与水平联系构件的连接最为重要，具体而言，即柱与梁、额（包括串）的交接关系。本文的分析以梁额榫卯为主要对象和线索。

二 南方厅堂梁额榫卯形式

（一）南方厅堂构架的特点

厅堂做法是南方构架体系的显著特点。相对于北方殿阁构架的层叠式构成方式，南方厅堂构架则表现为连架式的构成方式，在构成关系上，由垂直分列榀架的连接而成，通过构架相互拉结而获得整体稳定性；因此，连架式厅堂构架，更加关注的是由拉结联系而成的整体性，相互拉结咬合成整体的意识强烈，由此促使了相互拉结联系技术的强化和榫卯技术的发达。

构架的整体稳定性，在技术层面上决定于两个方面，一是构架关系，二是构造做法。

在构架关系上，南方厅堂构架的特色主要有以下两点：一是强调梁柱简明和直接的交接关系，厅堂内柱随举势升高，形成梁尾入柱的直接交接关系，区别于殿阁梁柱以铺作隔离的交接关系；二是强调额、串与柱的拉结关系，从而形成南方厅堂构架特有的交接关系。

殿堂型构架上，梁柱间因无交接关系，故不存在梁柱交接榫卯。所谓梁柱榫卯的交接构造，都指的是厅堂型构架。

上述南方厅堂构架的交接关系，在构造做法上离不开榫卯的作用，其相应的榫卯类型可统称为梁额榫卯，是本文分析的重点。

（二）厅堂构架与梁额榫卯

厅堂构架的连架式构成特点，决定了其梁额榫卯的重要性，即以梁额榫卯的拉结，保持构架整体的稳定性。其榫卯形式根据与柱的交接位置，主要有直榫和燕尾榫两种。基于交接构造的可能性，大致直榫用于与柱身的交接，燕尾榫用于与柱头的交接。

要之，根据梁、额及串与柱的位置关系，分别采用柱身直榫与柱头燕尾榫这两种榫卯形式。

在南方厅堂构架的拉结上，起主要作用的是与柱头交接的额串拉结，其榫卯为燕尾榫形式；而与柱身交接的梁栿拉结则是次要的，其构造做法为直榫入柱的形式，节点几无抗拉能力。

燕尾榫的目的在于改进直榫不能受拉这一弱点，即将榫头做成梯台形，由上卡入柱头卯口，形成抗拉的构造节点。南方厅堂构架强调榫卯的拉结作用，故与柱头交接的额串榫卯，普遍使用燕尾榫的形式。

燕尾榫宋称鼓卯，《营造法式》中有专门记载。榫卯的使用也有一定的地域性特征，南方地区燕尾榫运用普遍，年代悠久，是大木构架主要的榫卯形式。考古上发现最早的燕尾榫，即为南方余姚河姆渡建筑遗址中的榫卯构件。

三　保国寺大殿梁额榫卯做法

保国寺大殿作为江南早期厅堂遗构，其梁额榫卯做法具有代表意义。

保国寺大殿面阔三间、进深八椽，间架构成为前三椽栿对后乳栿用四柱的形式。檐柱柱头间以重楣为阑额，四内柱柱头间，顺身设屋内额，顺栿设顺栿串。构架整体由梁、额、串拉结联系。以下分梁栿榫卯和额串榫卯两类，分析和比较大殿梁额榫卯做法及特点。

（一）大殿梁栿榫卯做法

探讨保国寺大殿梁额榫卯做法，首先分析与梁额交接的原初柱构造形式。

大殿现状16柱中，9柱为整木柱，7柱为拼合柱。根据复原分析研究，现状拼合柱均为后世所抽换，其既非原物，也非原式，宋构原初诸柱皆为整木柱形式。在保国寺大殿柱构造的复原上，梁额榫卯构造线索的分析，起了重要的作用[一]。本节关于保国寺大殿梁额榫卯做法的分析，即是基于大殿原初宋柱的复原结论。

厅堂构架上，梁主要为承重受弯构件。梁与柱的交接，在厅堂构架上表现为梁尾入柱，梁头绞于柱头铺作，故厅堂梁柱的拉结功能是相对次要和间接的。而额、串与柱的关系则为直接拉结。在厅堂构架构成上，梁、额、串三者功能和作用，是有区分和偏重的，古代匠人根据构件的受力特点，采取相应的榫卯形式，以保证构架的整体稳定性。

大殿梁柱交接形式，分作两种情况：其一是周匝辅架梁栿与中心四内柱主架的连接；其二是中心主架构成上，前后内柱间的三椽栿连接。第一种情况，辅架梁栿前端伸入檐柱铺作，后尾插于内柱柱身，梁尾以直榫入柱，并以单跳丁头拱承托；第二种情况，主架三椽栿北端伸入后内柱柱头铺作，南端直榫插入前内柱柱头，以丁头拱两跳承托。在大殿梁柱交接关系上，匠人是将梁栿作为承重受弯构件对待的，不考虑梁的拉结作用，故其梁柱交接榫卯采用直榫形式，而未用抗拉的燕尾榫做法。因处柱头位置的关系，其榫卯本是可以采用燕尾榫的。大殿在此柱梁构造节点上，燕尾榫可用而不用，充分表露了当时匠人的思维和用意。

[一] 张十庆：《保国寺大殿复原研究——关于大殿瓜楞柱样式与构造的探讨》，《中国建筑史论汇刊》第五辑，2012年4月。

（二）大殿额串榫卯做法

以额串的拉结保持构架整体稳定性，是江南厅堂构架技术的典型特征。

大殿额柱交接形式，分檐柱与内柱两种情况。周圈檐柱阑额，除前廊三面为月梁式阑额外，余皆为重楣形式。内柱屋内额的形式，前内柱上间隔设三道，后内柱上实拍四道。大殿用额在功能上，既有拉结联系作用，又有承载补间铺作的作用。然匠人强调额的拉结作用，额柱交接榫卯采用了抗拔脱的燕尾榫形式。又因安装构造的缘故，额柱交接的燕尾榫做法，只限于柱头的头道额，其下与柱身交接诸额，皆为直榫形式。也就是说，大殿诸额中，唯前廊三面的月梁式阑额、重楣的上楣以及内柱上的头道屋内额，为燕尾榫形式，余皆为直榫形式。又，大殿重楣中的下楣，仅在转角处为透榫过柱出头的形式。

大殿串柱交接形式有顺栿串和顺脊串两种。

大殿顺栿串做法为：前后内柱间的东西两道顺栿串与内柱的交接。根据勘察分析，顺栿串北端与后内柱柱头交接为燕尾榫形式，南端为直榫过前内柱身出头加栓固定的形式[一]。串作为完全的拉结构件，其与柱的交接采用了抗拔脱的燕尾榫和直榫过柱加栓的做法（图1）。

大殿顺脊串的榫卯做法为：串两端以燕尾榫的形式与平梁蜀柱头相交，拉结心间两缝横架。

在柱与梁栿、额串的交接做法上，保国寺大殿根据受力形式及功能特点，采用了两种不同的榫卯构造做法，即承重的梁栿构件

图1 保国寺大殿顺栿串直榫过柱加栓做法
（西顺栿串位置）

采用直榫形式，不考虑抗拉的构造要求；拉结联系的额串构件采用燕尾榫的形式以及过柱加栓做法，以达到抗拔脱的构造要求（图2）。

保国寺大殿在梁额榫卯做法上，根据构件承重或联系的受力形式，区分梁、额、串构件与柱交接的榫卯构造形式，是一重要特色。

（三）镊口鼓卯形式

保国寺大殿额串所用燕尾榫，是一种独特的鼓卯形式，即《营造法式》所谓"镊口鼓卯"（图3）。其形式表现为通常燕尾榫的榫、卯套叠构造做法，即于柱身卯口内出榫头，而于梁额榫头上开卯口的形式（图4）。

由于大殿额串榫卯的交接部分或糟朽严重，或叠合密实，其内部构造形式多难分辨。经仔细探查辨认，大殿周圈檐柱与上楣交接构造的镊口鼓卯做法，具体发现以下几处：其一是东山前柱柱头与南、北、西三向上楣的交接（图5），其二是前檐东平柱与东次间阑额的交接（图6），其三是西山后柱与南、北两向上楣的交接（图7），其四是后檐西平柱与心间上楣的交接。此外，还有西山

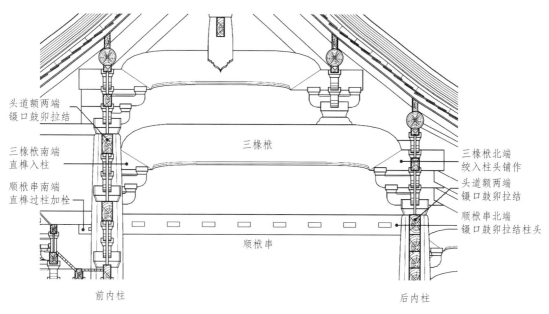

头道额两端
镊口鼓卯拉结

三椽栿南端
直榫入柱

顺栿串南端
直榫过柱加栓

三椽栿

三椽栿北端
绞入柱头铺作

头道额两端
镊口鼓卯拉结

顺栿串北端
镊口鼓卯拉结柱头

顺栿串

前内柱 后内柱

图2 保国寺大殿梁栿及串额的榫卯做法比较

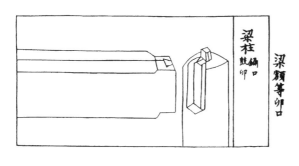

梁柱
镊口
鼓卯

梁额等卯口

图3 《营造法式》镊口鼓卯
（《营造法式》卷三〇图样）

柱额镊口鼓卯

柱额鼓卯

图4 镊口鼓卯形式及比较
（梁思成《营造法式注释》）

平梁蜀柱与顺脊串西端的交接。

根据大殿内柱的额柱交接构造的复原分析，大殿四内柱与屋内额及顺栿串的交接为镊口鼓卯做法（图8）。

在未落架的条件限制下，目前掌握的大殿现状柱头额串交接的镊口鼓卯做法共计七处，其中内柱两处，檐柱四处，蜀柱一处。镊口鼓卯做法应是保国寺大殿柱头额串交接构造的统一榫卯形式。

镊口鼓卯做法是现存遗构中不多见的特殊榫卯形式。其构造做法较通常燕尾榫复杂，据当地工匠口述，一般多用在尺度较大的额柱构件的交接

［一］大殿前后内柱心间两缝梁架，现状顺栿串有残损。西架顺栿串南端过柱出头加梢固定的交接形式仍存，北端入柱交接形式，因顺栿串端头槽朽不明。东架顺栿串南端交接形式不存，北端入柱交接存燕尾榫做法。此两缝梁架顺栿串的四个端头交接中，存留与残损各二，而两个存留的端部交接构造，恰能合成一个完整的南北端交接形式。

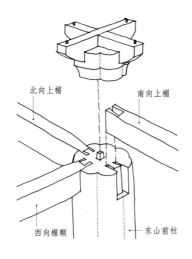

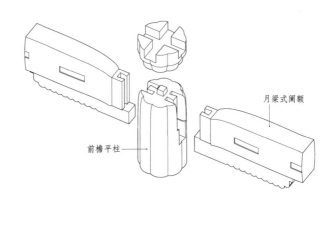

图5 保国寺大殿额柱交接的镊口鼓卯做法
（东山前柱）

图6 保国寺大殿前檐月梁式阑额榫卯
（周淼绘制）

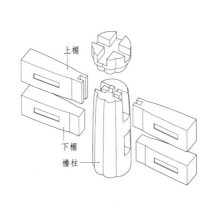

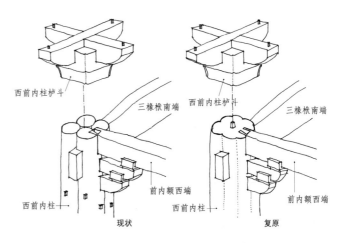

图7 保国寺大殿重楣榫卯（西山后柱）
（周淼绘制）

图8 保国寺大殿内柱与内额交接的镊口鼓卯做法

构造上，而不适用于较小尺度构件。镊口鼓卯复杂的构造形式，其意义有可能表现在增加摩擦面的作用上，即由两个侧面变为四个侧面。

四 《营造法式》梁额榫卯与比较

（一）《营造法式》梁额榫卯

关于宋代梁额榫卯做法，《营造法式》

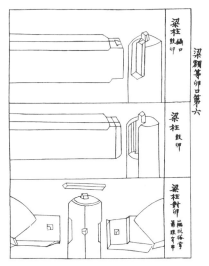

图9 《营造法式》梁额榫卯三种[一]

大木作制度有相关记载，可作为保国寺大殿的比较参照。《营造法式》所记梁额榫卯做法有三种形式，即梁柱镊口鼓卯、梁柱鼓卯与梁柱对卯这三种形式（图9）。其中第一、二种榫卯为燕尾榫形式，第三种为销榫形式。

分析《营造法式》所记梁额榫卯形式，首先值得关注的是其图示与题记的对应问题。

《营造法式》"梁额等卯口第六"所示内容中，其"梁额卯口"应是梁柱榫卯与额柱榫卯的合称，然对照图样具体所列三种榫卯名称，却皆为梁柱榫卯，而无额柱榫卯。《营造法式》所标示的三种梁柱榫卯名称分别是"梁柱镊口鼓卯"、"梁柱鼓卯"和"梁柱对卯"。更有意思的是，这三种被称作"梁柱"榫卯的图样内容，其中至少两种是"额柱"或"串柱"榫卯形式，而非"梁柱"榫卯形式。即"镊口鼓卯"与"鼓卯"这两种，应是"额柱"或"串柱"榫卯，其表现的是阑额或顺栿串与檐柱的榫卯交接形式。而"对卯"所示，则有两种可能，一是南式厅堂分心用柱的梁柱榫卯形式，二是月梁式阑额与檐柱的额柱榫卯形式（图10），且以后者的可能性更大。实际上《营造法式》梁额榫卯三图所表示的对象，应皆为额而非梁。

《营造法式》榫卯内容上名实不符这一特点值得关注，推测应与其采集汇编的性质相关。

《营造法式》所记三种宋式梁额榫卯中，鼓卯即是燕尾榫的形式，对卯为销榫的形式，三者皆为抗拉的榫卯构造做法。

[一]《营造法式》卷三〇，大木作制度图样上，梁额等卯口第六。

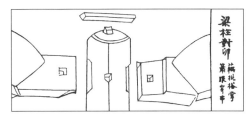

《营造法式》图样"梁额卯口"

保国寺大殿月梁式阑额（前檐心间东平柱）

皖南某宅月梁式阑额与萧眼穿串做法

图10 《营造法式》对卯的额柱榫卯分析

（二）江南镊口鼓卯比较

鼓卯是燕尾榫的宋称，而所谓镊口，应是一种象形比喻，即其形如开口镊子的形象。在构造做法上，镊口鼓卯类似于叠套燕尾榫的形式。从叠套的形式比较来看，镊口鼓卯与双卯有一定的类似之处，所不同的是前者为燕尾榫，用于可上起下落的柱头，后者为直榫，则用于柱身。《营造法式》记有入柱丁头拱双卯做法，遗构则见于金华天宁寺大殿柱身丁头拱，双卯做法在形式上与镊口鼓卯做法或有一定的关联。

镊口鼓卯是一种较为复杂的榫卯形式，现存实例极少，目前仅见南方的宁波保国寺大殿与景宁时思寺大殿两例。两例镊口鼓卯做法一致，皆为额、串与柱头的交接榫卯形式。时思寺大殿的特点在于：基于大殿内外柱等高及串式梁栿两头入柱的特点，其镊口鼓卯用于两个位置：一是串式梁栿与内外柱头的交接，二是阑额与檐柱头的交接（图11、图12）。

根据《营造法式》采集汇编的性质，推测镊口鼓卯做法有可能是江南宋元时期使用的

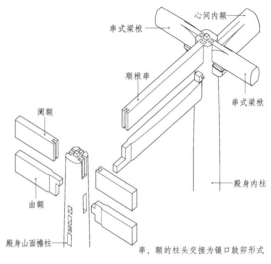

图12 时思寺大殿柱额榫卯形式（丁绍恒绘制）

心间内额
串式梁栿
顺栿串
串式梁栿
阑额
殿身内柱
由额
殿身山面檐柱
串、额的柱头交接为镊口鼓卯形式

图11 时思寺大殿殿身正面心间北平柱
与月梁交接的镊口鼓卯

一种榫卯形式，如果关于镊口鼓卯地域特征的推测成立的话，那么镊口鼓卯也成为《营造法式》中南方技术因素的一个线索和例证。

镊口鼓卯这种并非常用的榫卯形式，却在《营造法式》所记三种梁额榫卯做法中居首，或有其特殊的意义，推测也可能与强调南方技术相关。

（三）直榫过柱加栓做法

直榫过柱加栓做法，即所谓销榫做法，并非精细复杂的榫卯形式，然抗拉意识明确，有着较好的抗拔脱能力，且早在河姆渡时期即已成为南方干阑建筑的基本榫卯类型。然在江南宋元时期木构遗存中，直榫过柱加栓做法却所见不多，远未普及。即使如保国寺大殿采用者，也是使之隐没于草架之内：即前后内柱间的顺栿串南端，直榫过前内柱加栓，节点隐于草架内，为视线所不及。江南至元构如真如大殿、轩辕宫正殿，则梁、串皆采用了直榫过柱

加栓的做法（图13）。

直榫过柱加栓做法，也是《营造法式》厅堂构架榫卯的一个主要形式，且在具体做法上，有南式厅堂与北式厅堂的区别。进而与保国寺大殿比较，其间又有诸多的差异性：

其一，《营造法式》直榫过柱做法分别用于南式厅堂的梁栿、顺栿串与北式厅堂的梁栿，而保国寺大殿只用于顺栿串；

其二，保国寺大殿顺栿串位置较高，其前端直榫过前内柱柱身加栓固定，后端施镊口鼓卯与后内柱柱头拉结。而《营造法式》南式厅堂顺栿串，位置较低，皆在柱头之下，其前后端均为"出柱作丁头拱"之法[一]（图14）。

图13　江南元构轩辕宫正殿
直榫过柱加栓做法

89

[一]《营造法式》大木作制度二，侏儒柱条："凡顺栿串，并出柱作丁头拱，其广一足材。"

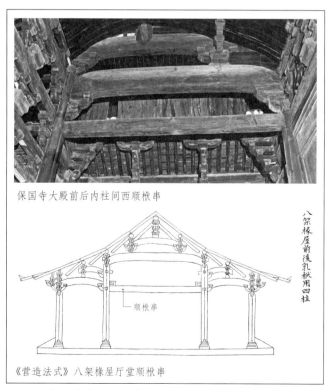

保国寺大殿前后内柱间西顺栿串

八架椽屋前後乳栿用四柱

順栿串

《营造法式》八架椽屋厅堂顺栿串

图14　保国寺大殿顺栿串做法与《营造法式》厅堂侧样比较

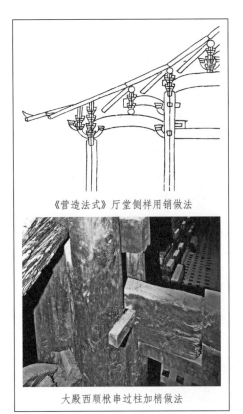

《营造法式》厅堂侧样用销做法

大殿西顺栿串过柱加梢做法

图15　保国寺大殿顺栿串过柱做法与《营造法式》厅堂侧样用销做法比较

图16　晋祠圣母殿前廊四椽栿过柱加栓做法

其三，《营造法式》厅堂梁尾过柱加栓做法，与保国寺大殿的顺栿串过柱加栓做法相似（图15），唯北式厅堂只用于梁，南式厅堂用于梁、串。北地宋构晋祠圣母殿前廊梁栿与前内柱的交接，也为过柱加栓的形式（图16）。然关于现状保国寺大殿及晋祠圣母殿的串、梁过柱加栓做法，是否就一定是原初做法，还须慎重。

过柱穿榫加栓做法应是源自江南传统的穿斗技术，这一穿斗技术在江南地区也逐渐为大式构架所采用。而作为北方官式制度的《营造法式》，其构架侧样上却普遍出现这一榫卯做法，其内涵意味深远。如若保国寺大殿西顺栿串现状为原初形式的话，那么保国寺大殿这一做法有可能成为《营造法式》厅堂侧样梁柱榫卯形式的一个源头。

（四）阑额榫卯比较

阑额榫卯的构造形式，是构架连接的重要节点。然比较南北做法，其差异甚大，主要表现在阑额拉结意识的有无之别。概括而言，南方厅堂建筑至少自五代以来，即以阑额鼓卯（燕尾榫）拉结柱头，以保持构架稳定。现存最早实例为苏州罗汉院大殿（982年）（图17）与宁波保国寺大殿（1013年），此外还有苏州角直保圣寺大殿（1073年）[一]。然考北方阑额榫卯做法，现存唐宋辽遗构皆为直榫形式，而无阑额拉结意识。典型之例如宋构晋祠圣母殿（图18）、隆兴寺摩尼殿[二]，辽构如应县木塔等。北方阑额燕尾榫做法的出现，应是在《营造法式》颁行之后的金代。实际上从现存遗构来看，北方金代也极少见阑额鼓卯做法，皆为

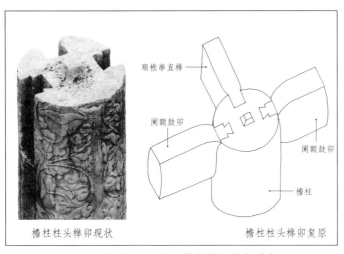

图17 苏州罗汉院大殿檐柱阑额鼓卯形式

[一]保圣寺大殿毁于1928年，从现存照片上看，大殿前檐阑额从柱头拉脱，阑额端头隐约可见燕尾榫头。

[二] 隆兴寺摩尼殿个别角柱阑额现状为燕尾榫做法，其他皆为直榫形式。此角柱阑额燕尾榫是否原物或原式，或还值得推敲。见孔祥珍：《牟尼殿主要木构件承载能力和节点榫卯研究》，《古建园林技术》，1985年6期，第43～48页。

图18 晋祠圣母殿檐柱间的阑额直榫做法
（摘自《太原晋祠圣母殿修缮工程报告》）

直榫形式，仍未有以阑额燕尾榫拉结柱头的意识，而普拍方以螳螂头榫相互拉结的做法，则是相当普遍的。在阑额直榫的情况下，于柱头上施用普拍方，是北方建筑加强柱框架的一个技术措施。

　　阑额榫卯是宋代南北构架共同的构造节点，然榫卯意识及形式却截然不同。

（五）《营造法式》榫卯的地域因素

在宋代南北两地阑额榫卯做法对照的背景下，再回顾和比较《营造法式》阑额榫卯特点，显然《营造法式》的阑额鼓卯做法与当时北方阑额直榫的特征不相吻合，而与南方厅堂榫卯做法相一致。因此可以认为《营造法式》所记阑额榫卯形式是南方厅堂榫卯做法的记录，抗拉的燕尾榫做法，一直是南方厅堂普遍的榫卯形式。

根据现存实例分析，宋时北方阑额榫卯应尚未出现抗拉的构造形式，而皆为直榫形式。然而《营造法式》所记梁额榫卯却皆为抗拉的鼓卯（燕尾榫）形式，这种显著的对比，揭示了《营造法式》梁额榫卯的南方技术因素。

实际上，《营造法式》所记梁额榫卯

的三种形式，皆表现的是南方技术特征，在构架性质上，三种榫卯应属南方厅堂或串斗所用榫卯形式。其第一、二种的"鼓卯"做法，应为南方厅堂的"额柱"或"串柱"榫卯；第三种的"对卯"做法，即为销榫的形式，以相邻两月梁式阑额端头"藕批搭掌"入柱，并用销子"萧眼穿串"连接固定。"对卯"做法应源自南方串斗构造技术，尤其是萧眼穿串的销钉做法，更是江南多用的榫卯形式。

比较一下《营造法式》图样所录六图的榫卯形式，其左三图普拍方榫卯与右三图额串榫卯反映有一定的宋代地域技术倾向和谱系性：左三图的普拍方构件及其螳螂头与勾头搭掌榫做法倾向于北式特色，右三图的额串鼓卯及对卯则有显著的南方特色（图19）。

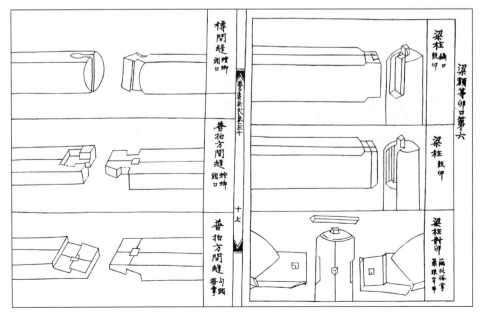

图19 《营造法式》拉结榫卯六种（《营造法式》卷三〇图样）

关于檐柱间的拉结构件，主要有阑额与普拍方这两个构件，其交接构造做法，宋代南北之间表现出不同的特色：宋代北方注重的是普拍方的榫卯拉结，阑额则为直榫做法；宋代南方强调的是阑额鼓卯拉结，而不用普拍方。宋代南北二构晋祠圣母殿与保国寺大殿是最好的比较实例：晋祠圣母殿阑额直榫，柱间以普拍方螳螂头拉结（图20）；保国寺大殿柱间以阑额鼓卯拉结，不用普拍方。而《营造法式》关于阑额和普拍方的榫卯做法，正吻合了上述宋代南北差异这一现象。

图20　晋祠圣母殿柱间以普拍方螳螂头榫拉结联系
（摘自《太原晋祠圣母殿修缮工程报告》）

燕尾榫与螳螂头榫之间存在一定的谱系性差异，二者分别代表了宋代南北榫卯形式的典型特色。

宋代以后江南厅堂建筑技术的发展，在构架整体稳定性方面是一突出表现，其中榫卯做法的进步，应提供了重要的技术支持。宋元以来榫卯构造技术发展的特点，一是形式简化，二是用销栓固定。具体而言，减少榫卯类型，取消复杂的镊口鼓卯做法，构件交接或用燕尾榫，或采用直榫加销钉的简单形式。上述这一改变，不仅简化了厅堂构架的榫卯形式，而且也加强了榫卯节点的构造性能。

保国寺大殿遗构的榫卯做法，为认识江南早期榫卯技术及其演变，提供了一个重要的时空坐标，且通过宋式鼓卯这一线索，揭示了《营造法式》榫卯内容与江南技术之间可能存在的关联性。

【宁波保国寺大殿构造特点与地理环境研究】

余如龙·宁波市保国寺古建筑博物馆

摘 要：保国寺地处山腰，背枕郧峰，左辅象鼻，右弼狮岩，宅幽而势阻，地廊而形藏，四周自然山林茂盛，古树名木繁多，空气清新，环境优美，寺院若隐若现于云雾中。北宋大殿结构特色、平面布局、瓜棱柱、阑额、斗拱、藻井、梁架构造及殿内装饰等，无不体现建筑与环境的融合，探索研究保国寺地理环境和大殿建筑特点，进一步弘扬其历史艺术科学价值。

关键词：保国寺大殿 构造特点 地理环境

一 引 言

保国寺位于甬城西北，东经121°30′54″，北纬29°58′27″。寺院坐落在灵山山岙。与灵山、马鞍山之界，属浙东丘陵四明之余脉，东西走向。旧寺志云："古灵也、郧峰也、马鞍也、骠骑也，实一山而四名焉。推其脉发之祖，乃从四明大兰而下至陆家埠，过江百余里，凸而为石柱山，为慈邑之祖山，转南折东，崔嵬而特立者，郧山之顶也。顶之下复起三台，若隐若伏越数百丈为寺基，虽无宏敞扩豁之观，而有包涵盘固之势，千百年来，香灯悠远，法系绵延，其他名山巨刹，莫有过于斯者。又名八面山，堪舆家谓是山乃西来之结脉处耳"。

一座千年大殿，尤其是江南木构殿宇，在地震、台风、多雨、潮湿的环境气候影响下，得以千年保存，无不令人感叹。在敬仰中思索，还有很多不解之谜，例如，建寺规划选址、空间布局、进深大与面宽、结构不对称、藻井装饰、方位朝向和鸟、蛛不入等谜题，有待深入探索研究和科学解答。

二 地理环境

（一）自然条件优越，深谙堪舆之学

保国寺古建筑群宅幽而势阻，地廊而形藏，寺院若隐若现于云雾之中，灵山被堪舆家称之为寺的坐山，寺东有凸起之小灵山、象鼻峰，被称为保国寺的左辅，那里旧有望日台，可供人们观赏日出。寺西有狮子岩，被称为保国寺之右弼。两座山峰同拥一岙，相锁成阙，虽无宽阔豁达之观，但有包涵盘固之势，气势非凡。保国寺就位于灵山幽谷之中，三面青山环抱，云际双峰耸峙，层峦相邀，列嶂争迎，俗称燕子窝。人们绕过重重山岗，跨过汗流浅滩，直到接近燕子窝，周围景观才豁然开朗。清晨东望，可见海上曙光，傍晚西望，可观落日残阳。因此，保国寺所在环境既有深山藏古寺的隐蔽性，又有院中观海曙的开阔性，甚为难得。

（二）空间布局

保国寺所在的灵山层峦叠翠，古木参天，一片郁郁葱葱。寺内前导空间、崇祀空间、生活空间区分明显。

1. 前导空间

保国寺地处灵山之半，在入寺之前还要经过一段长长的山路，使人们产生一种对目的地的期待感，保国寺以溪流为引导，蹬道左邻山、右傍涧，时而见怪石嶙峋，时而听飞瀑松涛，随着峰回路转，一些亭、台、桥、楼，如望日亭、叠锦台、仙人桥、文武殿、青嶂亭等，不断的映入眼帘，使人们的期待感不断得到满足，也使这段前导空间更有生气。

2. 崇祀空间

中国传统建筑在崇祀空间中讲究严整对称。保国寺将主要的殿堂布置在一条明确的中轴线上，这些建筑不但体量宏伟、气势

壮观，而且每栋建筑皆使用斗拱以提高其等级，为了突显这个区域在寺院中的地位，大殿前的两厢位置增加两道白粉墙，使天王殿与大殿间的院落空间格外庄严肃穆，以强化寺院崇祀空间的氛围。

3. 生活空间

在大殿两厢位置，由于地形逼仄未建配殿，仅砌两堵粉墙，墙后便两列进深高低参差不齐的房屋，供人居住、待客以及库院、执事房等都是人们活动频繁的建筑，这些建筑因山就势建造，南北并不对称，可以得其所用。一个个小天井中栽花种树，具有浓烈的生活情趣。

三　大殿构造特点

大殿位于寺院核心部位，自北宋大中祥符六年（1013年）至今已有一千余年历史，现存建筑为面宽五间、进深五间，从平面看，核心部位面宽、进深各三间的部分为宋代所建，其四周是清康熙二十三年（1684年）所添加的部分。添加的建筑下檐未能四面环绕，后部仍为单檐。

（一）平面及立面

大殿俗称祥符殿，当心间宽5.8米，次间宽3.05米，通面宽11.9米，通进深13.36米。进深大于面宽，原因是扩展了前部的礼佛和使用空间，于天花以下用月梁，梁间做出藻井平棊、平闇，后部由四内柱围合的空间设佛坛，此处梁架彻上明造，四内柱两侧空间，随着外檐斗拱层层出跳，由低到高，对中部设置佛像空间起着烘托作用，造成隆重

的空间氛围。

（二）梁额构架

大殿构架皆为宋代原物，中间的两缝作厅堂式构架，前、后内柱不同高，前内柱直达上平槫下的平梁端，后内柱仅达中平槫下的三椽栿端部。为了承托山面出际之槫、枋，在次间中部另设梁架一缝，仅置一平梁及蜀柱、叉手。前檐柱与前内柱间做平棊、平闇、藻井等天花装修，三椽栿作月梁，露明于天花以下，其上另有草架。构架中部的三椽栿、后部的乳栿均为彻上明造。

（三）梁架构造

前部檐柱与前内柱之间的三椽栿一端伸入前檐斗拱，另一端插入前内柱。乳栿上设劄牵，劄牵一端插入内柱，一端入中栌斗，与一组置于乳栿上的斗拱相交。前部三椽栿上坐斗拱，承平棊枋，由平棊枋承大藻井和平棊。天花以上的草架用短柱、木枋随宜支撑固济，在次间中部的梁架，两端用立于山面下平槫上的短柱支撑。

（四）纵向构架

大殿构架的纵向联系构件很有特点，在前檐外檐柱间的阑额皆作卷杀，断面高36厘米，宽18厘米，高宽比为2∶1，阑额与柱头交接处，下做蝉肚罩幕方头，相当于清式建筑所用的雀替。在前内柱间，除于柱头间所置的屋内额之外，还有两条素方位于屋内额以下，并施扶壁拱多重，多道额和襻间、素方的使用大大加强了构架的整体性。

梁额断面：前部檐柱与前内柱之间的三椽栿，梁总高50厘米，梁宽24厘米，高宽比为1.8∶1。

举折：现状为八架椽，椽架长度不等，前后的六个椽架的长度皆在1.5米左右，仅脊步扩大为2.16米。目前大殿举高为5.5米，前后撩檐方距离为16.69米两者之比为1∶3，与宋式殿阁举折制度中三分举一的做法相同。

（五）大殿用柱

大殿中的16根柱子全部为瓜棱柱。有三种不同高度，即外檐柱与前内柱、后内柱高度皆不等。柱子断面形式也不同，共有六种，即瓜棱拼合柱两种，包镶式瓜棱柱，整木柱3／4带瓜棱，整木柱1／2带瓜棱，整木瓜棱柱等。之所以出现这样多的断面形式与柱子所在的位置有关，大殿的拼合柱是使用小料充大材以承重载的最早遗物，将拼接缝隙作成瓜棱外形更是匠心独运。这种作法反映出自宋代开始木构用材已朝省料方向发展。

（六）大殿斗拱

斗拱布置在外檐、内檐、天花装修等处，外檐斗拱有9种，即前檐柱头、补间、转角铺作3种、后檐柱头、补间、转角铺作3种，山面柱头、东山面补间铺作、西山面补间铺作等。内檐斗拱有7种，即前内柱柱头铺作，前内柱柱中铺作，后内柱柱头铺作，前内柱内额间斗拱，后内柱内额间斗拱，前三椽栿上补间铺作，乳栿上补间铺作。装修斗拱3种，即大、小藻井斗拱，平棊斗拱等。斗拱组合类型较多，依据斗拱所处不同位置变换斗拱组合方式，充分发挥斗拱各部件的力学性能，增强了构架的整体性。这些补间铺作斗拱组合形式，里跳用出四杪或五杪偷心造，大斗承四重横拱等作法为《营造法式》所不载。这些都是海内仅存的孤例，是极其珍贵的遗物。

斗拱除位于外檐一周构成外槽之外，在四内柱柱头及四内柱轴线上皆构成内槽。但前内柱槽所设铺作与后内柱槽两者不同。斗拱的分布，当心间用补间铺作两朵，次间用补间铺作一朵，内外槽皆如此。

斗拱用材分为两类。第一类符合《营造法式》五等材，第二类相当于《营造法式》七等材。

（七）装修

大殿现存外檐装修已为清代重修之物。内檐尚留有宋代装修原物，即殿堂前部当心间所作的大藻井一个，两次间所作的小藻井各一个，在大藻井两侧作平棊，斗拱遮椽板处作平闇。在大藻井与三椽栿之间作整块长方形平棊，板上绘彩画。大殿阑额上留有七朱八白彩画遗迹，此外在平棊和藻井上也留有卷草纹彩画遗迹。

（八）佛坛

殿内尚留有宋代佛坛一座。年代为"崇宁元年五月"（1102年）[一]。

四　大殿与《营造法式》之比较

保国寺大殿建造年代比《营造法式》成书年代早了90年，但它的许多结构作法、斗拱作法，乃至装修作法，却与《营造法式》所提及的问题同出一辙，有的甚至成为《营造法式》做法的孤例，如：结构布局、用材等处符合《营造法式》五等材、七等材；斗拱用材断面高宽比为3∶2，这是最具有科学价值的一点；　柱头铺作用足材，补间铺作用单材；保持昂身完整不得在昂身上开榫、小藻井的斗拱和平棊的四角使用虾须拱等且为"股卯到心"的做法，都为海内孤例。大殿藻井斗拱用材符合《营造法式》大木作用材制度中的规定，大殿为现存使用拼合柱的最早实例；大殿的"蝉肚绰幕"构件，在其他建筑中未见过，而在《营造法式》中却有过记载；大殿使用七朱八白彩画等等。从上述内容来看保国寺大殿有这样多与《营造法式》所规定的内容相符，不会是偶然的巧合，保国寺大殿所具有的条条验证《营造法式》的做法，可以说明以保国寺大殿为代表的木构建筑经验，被《营造法式》编著者所吸收是毫无疑义的，保国寺大殿的技术做法正是编修《营造法式》的基础。

五 大殿的价值

保国寺被誉为"东来第一山"，它的价值在于以下几个方面。

（一）科学价值

代表11世纪初最先进的木结构技术，成为产生中国优秀建筑典籍的基础。《营造法式》所吸收的保国寺大殿建造技术中有些不但指导着中国木构建筑的发展，而且在世界科学史上也闪烁着光辉。例如用材制度，是最具有科学性的结构模数制，特别是"材"的断面比例，保国寺人殿斗拱用材断面的高宽比为3∶2，这样的比例反映了最高的出材率，同时可以达到最理想的受力效果。中国的工匠在11世纪建造建筑所采用的受力构件，已经具有了最高的强度，并被官方所编建筑的标准做法认可，成为指导全国的法式制度。

（二）历史价值

大殿天花装修集平棊、平闇、藻井于一身，不仅在宋代建筑中，而且在早期《营造法式》成书以前的建筑中是仅存的一例，而其藻井形式却是江浙地区有代表性的做法，保国寺的藻井风格简洁、粗犷将其与《营造法式》小木作藻井相对照，藻井正处在从大木作工种转向小木作工种转换的时期，保国寺大殿早于《营造法式》，故藻井尚属大木作工种，这一点恰恰被《营造法式》的编著者所吸纳。同时从中可以看出前后90年之差的不同建筑风格。大殿是北宋初期的作品，其风格与北宋后期的建筑比较，无论结构或装修均正处于从凝重、庄严向绚丽、多姿的方向转变，而保国寺大殿正是这转变阶段的作品。

（三）艺术价值

现存宋代以前的单层木构建筑中，三开间的殿堂有十余栋，从其平面布局来看，虽然皆为三间，但在进深方向的安排有所不同，有的仅仅作前后两间，如初祖庵大殿等，这些殿宇室内皆为彻上明造，内柱基本不升高。而保国寺大殿内柱升高，构架中除外檐一周置铺作之外，在四内柱上除有柱头铺作外，周围其他部位还有各种不同形式的铺作与内柱相联系。更为特殊是将前檐柱与前内柱之间的空间放宽、同时在天花部分作装修，以强化这里与中部、后部的不同功能，对于室内空间明确使用功能的区分，从建筑设计的角度来衡量，是室内空间设计水平最高的一例，它成为后世效仿的楷模。

[一] 造石佛座记——明州管内都僧正国宁寺传天台教观，赐紫智印大师，约之同弟子陈延咏、延绍，妻孔十四娘，弟新妇夏十一娘，男世卿、世清，弟子丁彦隆、彦昌，寿母徐念五娘，妻陈小二娘，弟新妇龚小五娘，男公明，公升等，同施净财，制造精进院大殿内石佛座一所，式衰巨利，奉答四恩，用资三有，仰乞，玉相垂明，诸天昭鉴。时壬午崇宁元年五月 日谨记。石匠许明礼、住持沙门约文。

99

六 结束语

保国寺是一座具有千年历史的古建筑群，它有完整性和变迁的可读性。目前在南方保留早期建筑的寺院中，往往建筑物不多存，从现存的建筑中已经难以觉察其盛期规模，但保国寺与它们不同，无论是寺院布局，院内的木构建筑、石刻都保留着不同的时代信息。因此，保国寺是江南唯一既有早期建筑，又有相当规模的保存建筑最多的、较完整的一座古建筑群，它真实地记录了这座寺院变迁的状况，具有历史的可读性。并且保留了寺志，可资对照，具有很高的历史价值和文化价值，是中国古代建筑瑰宝。我们敬仰现存的千年大殿，但也思索着很多谜团待解，需要深入探索研究和科学解答。

参考文献：

[一] 《保国寺志》(民国版)。

[二] 郭黛姮、宁波保国寺文物保管所：《东来第一山——保国寺》，文物出版社，2003 年 8 月版。

[三] 浙江省文物考古研究所杨新平等编写：《保国寺调查报告》，1983 年。

[四] 《全国重点文物保护单位记录档案——保国寺"四有"档案·主卷·文字卷》(2005 年通过浙江省文物局验收)。

【解读保国寺古建筑的环境美学】

沈惠耀·宁波市保国寺古建筑博物馆

　　摘　要：保国寺主殿建筑建于北宋大中祥符六年（1013年），是我国江南地区保存最完好的宋代木结构建筑实物。由于东西两首山势之间存在着明显高低位差，直接导致了保国寺西厢房建筑高于东厢房建筑的建筑布局，进而对东、西厢房的形制、体量以及建筑位序上必须因势进行适当的调整与改变，使西厢房建筑体量和规制比东厢房建筑稍许弱小，并前后错位。保国寺建筑建置的演变严格遵循与环境的高度和谐。尊重现状的另一层涵义就是不能轻言"改造"现状，粗暴的"改造"无异于摧毁，这也是我们现在文化遗产保护的重要理念。

　　关键词：保国寺　环境　美学　解读

　　我国传统建筑文化历经数千年不辍的发展，形成了内涵丰富、成就辉煌、风格独具的体系。从世界建筑文化的背景来比较，我国传统建筑文化的一个极为显著的特点是，各种建筑活动，无论是都邑、村镇、聚落、宫宅、园囿、寺观、陵墓以至道路、桥梁等，从选址、规划、设计及营造，几乎无不与环境相统一、相和谐。因此建筑的环境美学成为中国建筑文化的重要组成部分。

　　保国寺，是第一批全国重点文物保护单位之一，位于宁波江北区洪塘镇灵山山坳，四面环山，林木葱郁。它创建于东汉，现存主殿建筑建于北宋大中祥符六年（1013年），是我国江南地区保存最完好的宋代木结构建筑实物。有关保国寺建筑环境美学与其营造理念、建筑格局、演变传承的关系，目前尚缺乏深层次的系统理论揭示。本文试从环境美学的视角，观察和分析保国寺与其周围环境的生态平衡关系，探求依托现实存在的环境资源，逐步深化保国寺的文物保护与研究工作，实施以保护为前提的合理开发利用，进一步建设保国寺景区和谐的人与自然环境，促进保国寺的美好发展。

　　鸟瞰保国寺，环境优越，其总体布局与山水脉络之间存在着密切的关系，其地形地貌与水系都相互作用着，使其成为一个能发展且能保持长久不衰的自我调节系统。整个建筑群体包含汉、唐、宋、明、清以及民国建筑，壮丽之中不乏江南秀雅，从中映射出营造这座古建筑的劳动者运用环境美学，寻求人与环境整体意识的独特智慧和建筑观念。

一　保国寺建筑选址与"山""水"的关系

在中国传统建筑择地观念中，泥土和草木不过是皮肉毛发，损之易于复原，而山石和川流则是骨骼和血脉。

保国寺从其选址上看，依自然环境的山势而建，坐北朝南微偏东，地形四面环山（图1），除东南入口外，背倚雄伟高大的"鄮峰"，有着高大深沉之含义，意托其雄厚之本使其沉稳而立，东、西、南环绕"象峰"，"马鞍"、"狮岩"[一]。在如此的环境选址下，对保国寺的建筑布局和建筑功能的划分具有极大的影响。如雄踞整个古建筑群最高处的藏经楼，即成为寺院建筑的重要场地，其楼下设为法堂，楼上为方丈殿与藏经之处，可视为当时佛教神圣的宝地，至高无上的所在。由于东西两首山势之间存在着明显高低位差，直接导致了保国寺西厢房

建筑高于东厢房建筑的建筑布局，进而对东、西厢房的形制、体量以及建筑位序上必须因势进行适当的调整与改变，使西厢房建筑体量和规制比东厢房建筑稍许弱小，并前后错位（图2）。

对保国寺来说，水是命脉之系。处于山坳之内的保国寺，东面山溪沟壑环其左侧，引溪水入寺蓄于池塘，右侧也有溪坑，寺前虽有"狮岩"作屏，屏外"慈江"径流，完全能够满足用水供给，滋养着一方生灵。保

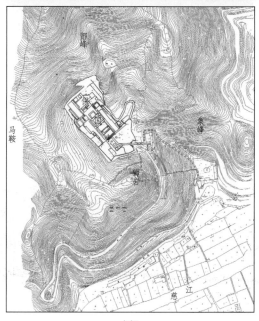

图2

图1

国寺整个建筑群中蓄水之处有三，一为天王殿前"洗菜池"、二为大殿前"净土池"、三为大殿月台上的"骠骑井"（图3）。通过有关史料的记载，在保国寺古建筑群的发展中，由于人为因素造成对水系的"割裂"、"阻断"使水脉向地下分流，改变了部分地下水流方向，进而为带来有害的矿物质提供了条件，具体表现为曾在一段时期里使用水源遭受了一定程度的污染（经水质测定后，含铅量偏高），这是人为扰乱自然环境后造成的不利影响。后来由于在古建筑群东北角上方建造了一座小型的蓄水库，使原本经地下的水系被其上游所筑的一道水坝所截断，向下流淌的水源消失，地下渗水也就因其断流而随之变化，改善了水资源环境。

二 保国寺建筑建置的演变严格遵循与环境的高度和谐

传统建筑更强调建筑本身顺应自然、尊重环境的原则，这个原则概括起来讲就是"在自然环境中尊重自然，在建成环境中尊重现状"。保国寺古建筑群历经近千载的建置演变，但是均能高度遵循上述的原则，后建者无论从规模、功能上均要充分尊重现状，不容无端赶前错后，过高过低。北宋以后所建造的新建筑，虽也有其一定的"个性"，但这个"个性"外表上却遵循了原有建筑环境的秩序，所以很自然地能够融入到整个古建筑群的整体环境中，与前人的建筑达到了和谐、统一。在建造中将前人不高明之处甚至"蹩脚"的地方在自己的新构图中化腐朽为神奇，这在整个保国寺建筑发展历史中都可看出。可以说，以后的建筑都不是彰显个人业绩的作品，而是一个上下承接、可持续的发展过程。保国寺古建筑群虽经历上下千年，但总体给人感受还是浑然如一的。如，保国寺古建筑群的精华——北宋大殿建筑，在清代康熙二十三年（1684年）"前拔游巡两翼，增广重檐"的一次大的改变，也是尊重了当时的山体因素，未动土改造，这从一个侧面反映了尊重自然的原则。虽然保国寺的建筑总体特点是随着时代变迁有所发展和变化，但原有建筑环境理念一直贯穿其中，即建筑整

净土池

洗菜池

骠骑井

图3

[一]"鄮峰"、"象峰"、"马鞍"、"狮岩"均为《保国寺志》所记载的峰名。

体的一种气势延续下来。清乾隆五十二年（1787年）重建于大殿后的观音殿和民国初增建的藏经楼的通面宽度，基本与大殿一致。再如，从保国寺主体建筑依山势而建造的布局与自然环境的陪衬中看出，其左右庑的厢房，也是依据其狭窄的地理环境，结合寺院建筑功能特点与宁波地方建筑特色，从而形成房墙连体形式的围墙房屋式建筑结构。

尊重现状的另一层涵义就是不能轻言"改造"现状，粗暴的"改造"无异于摧毁，这也是我们现在文化遗产保护的重要理念。整个保国寺古建筑群在历代重修中也基本保持"立而不破"，保留原来面貌后进行"有机更新"。如，保国寺北宋大中祥符年间的大殿在清朝康熙年间增加三面重檐和乾隆年间的"移梁换柱，立磉植楹"、"内外殿基悉以石铺"的建筑升高和增广等过程中，就是依照原来基本面貌进行的"古刹重辉"式的有机更新。

三 环境美学对保国寺今后发展的启示

若论保国寺兴盛于何时？翻检寺志可知，唐广明元年（880年），明州国宁寺可恭和尚上长安，请求唐僖宗恢复寺院。僖宗赐"保国"匾额，视为保国寺兴建之始；北宋大中祥符年间及清康乾时期为保国寺标志性建筑发展时期；如今保国寺作为全国重点文物保护单位，中国建筑史上的瑰宝，得到良好的保护与开发，吸引众多参观者，也是保国寺一个兴盛的时期。人们瞻仰保国寺，因为保国寺代表着中国建筑文化，是中国传统文化的重要组成部分，博大精深，源远流长。在其中，保国寺

的建筑文化还包含着建筑艺术与环境美学高度和谐统一的内涵，能够指导我们注重建筑结构布局与自然环境的结合和合理利用。

（一）尊重自然与改造自然

我们认为，在对待保国寺今后的发展过程中，应以现代科学思想为基础，仔细推敲建筑与环境的密切联系，方可因地制宜进行建筑的选址、规划、布局、建造，乃至装修装饰。能够以敏锐而准确的尺度感和娴熟的空间艺术处理技巧，灵活而妥善地延续保国寺的建筑体型和气脉，结合环境（包括自然景观）进行各种规模的建筑组群和空间组织，达到更高的造诣，更好地发展保国寺建筑文化，据此体现、说明中国建筑中蕴含的美学成分和深刻的人本哲理，使保国寺建筑群同自然环境更为完美和谐。

（二）倡导多科学研究与攻关

在对古建筑的保护中，我们应在现有条件和手段下，再向更高的层面进行科学的研究和观察，通过包括物理的、生物的、动态的、静态的观察，特别是地理地貌、岩质植被、温湿度、风力风向、沉降倾斜等数据的测量、记录和分析，在科学的比对和分析中，掌握其发展趋势和可能出现的种种变化与痕迹，从而为保护提出可行性意见，逐步恢复过去建筑中不科学不合理的建造方法和使用材料，以理性和现代的方法措施，针对性地纠正由于保护理念的不完善带来的各类维修中出现的不足和缺憾，真正达到科学保护和改造自然的目的。这一点，从2005年起，保国寺的管理机构已经进行着手该项工作，并已取得的初步的成果。

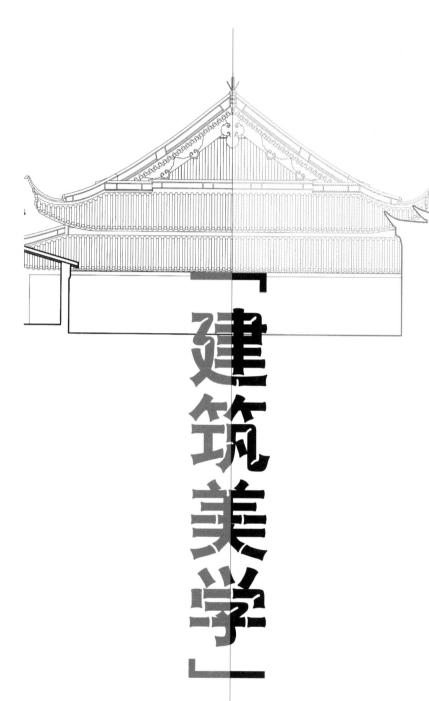

「建筑美学」

肆

【作为历史的与美学的统一的中国建筑史学】

崔　勇·中国文化遗产研究院

摘　要：本文遵循中国建筑史学研究前辈学者造就的学术成果基础，刻意阐述历史的与美学的统一的建筑史学研究视角可作为突破以往集体主义方式研治中国建筑史学局限而富有个性化风格展示的途径。

关键词：历史的　美学的　中国建筑史学　集体主义　个性与风格

在中国建筑史学研究领域，前辈学者已经做出了极大的历史贡献，并留下丰硕的建筑史学研究成果。众所周知的有刘敦桢主编的《中国古代建筑史》、梁思成撰写的《中国建筑史》、潘谷西主编的《中国建筑史》、张驭寰主编的《中国古代建筑技术史》、萧默主编的《中国建筑艺术史》以及五卷本《中国古代建筑史》（刘叙杰主编第一卷《原始社会、夏、商、周、秦、汉建筑》、傅熹年主编第二卷《三国、两晋、南北朝、隋唐、五代建筑》、郭黛姮主编第三卷《宋、辽、金、西夏建筑》、潘谷西主编第四卷《元、明建筑》、孙大章等主编第五卷《清代建筑》）等等。这些著作的共同特点是——几乎都是共同合作的结果，即便是以梁思成独自署名的《中国建筑史》，也是中国营造学社同仁共同的学术研究成果的汇集。这些学术前辈在他们的学术论著中显示出的开拓精神、真知灼见以及严谨的治学规范是后学的典范。更为重要的是，他们卓越的聪明才智所创造的学术业绩，为中国建筑史学学科建设奠定了基础。若没有这些前辈们在极其艰苦的历史条件下，注重在理论与实践结合的基础上，运用现代科学的研究方法构建学科体系，培养了人才，树立了学术丰碑，中国建筑史学研究现状是难以想象的。我们这些后人是在前辈学者成果养育下成长的，受到他们的道德文章润泽，他们对学科建设稳重如山。随着时代的发展，我们这些后人又面临着新的问题和时代要求，如何使作为物质与精神双重性载体的中国古代建筑文化遗产发挥其古为今用、推陈出新的历史文化作用，是我们这一代学人责无旁贷的历史责任与使命。任何一门学科的发展，都应当基于学科所存在的问题和面临的时代要求，不断向深度、广度掘进，始于问题而终于更高深的问题。

如果我们完全沿袭前辈的思维方式，按前辈构筑的建筑史学方法去从事研究、论著，至多只是对他们的成果作某些修订和补充，添加一些新发现的考古发掘材料，在量上可能有所增多，但在实质上则很难有新的拓展、创造。在某种程度上改变既有的思维方法、寻找新的思路，将中国建筑史学研究不断地推向深入与发展，这不仅是时代对我们的迫切要求，也是胸襟博大的前辈期望之所在。继承与超越，这可以说是中国建筑史学研究在新世纪应当明确的志向。如果说考古学者指出了历史遗迹有什么，建筑学者指出了历史遗迹是什么，建筑史学者则要回答历史遗迹为什么会这样的问题，这便是在"是什么"的基础上升华到追寻"为什么"的学理阐释阶段。王贵祥先生早就意识到并指出中国建筑史学研究要加强这一方面的研究，从学科发展的角度看，中国建筑史学研究经历了文献考古的第一阶段、实物考证的第二阶段，现在应当进入对建筑的文化内涵、象征意义、历史发展成因予以诠释的第三阶段[一]。对建筑历史予以诠释，需要研究者具备历史的与审美的双重眼力及创造性的发现，见仁见智，从不同的角度对中国建筑历史问题与现象及其文化内涵予以阐释，这是很高的学术要求，出学术成果很难。知其难而为之，这应当成为我们这一代学人用"科学有险阻，苦战能过关"大无畏精神去攻克学术难关的态势。吴良镛谈到如何创造性地研究中国建筑文化遗产时强调要"从史实研究上升到理论研究"、"以审美意识来发掘遗产，总

结美的规律运用于实践"[二]。高介华历时二十余载主编的《中国建筑文化研究文库》系列成果则是建筑文化阐释的实绩[三]。

我常常想，中国建筑史学研究发端于20世纪30年代的中国营造学社，此后经过几代学人的共同努力，发展到的今天，其群策群力的学术研究成果蔚为大观。是应该到了注重发挥研究者个性的时候了，追求研究个性与风格的阐发应当在中国建筑史学研究中得到重视与加强。当然，研究个性不是一意孤行的任性，而是真正意义上的富有建设性、创造性的独特个性，也即史学大师陈寅恪所倡导的在学术研究中学者应持有的"自由之意志、独立之精神"。中国建筑史学会名誉会长杨鸿勋先生在1999年曾指出："学术研究者在社会分工上属于智力劳动的精神生产，它必须建立在学者个人的勤奋劳动基础上，集体的协作，必须建立在学者们都具有足够的知识贮备的基础上。鼓励学者个人勤奋学习，独立思考，这与过去大一统、集体化的治学方式相比较，显然是更符合学术发展的规律性"[四]。学者的研究个性与风格可以在多方面展示出来。在这一方面，前辈学者林徽因先生的学术见解及其著述风格是我们学习的楷模。林徽因有关建筑史学的论著虽然不多，但每篇都给人留下鲜明而深刻的印象，原因就在于林徽因在论述中灌注了新颖别致的个性风格。她的学术论文在行文表达方式上注重融科学性与艺术性为一体，读后令人感到其字里行间不仅文字雅致，而且思绪也很新颖、独特，研读起来就会有种美感从心中油然而出。林徽因研究中国古代

建筑的风格在建筑史学界是别具一格的，可以说是集真、善、美为一体，是很有文化内涵的学术文本。不仅如此，笔者还觉得林徽因学贯中西、文理并融，其学术研究有股鲜活的人文气息灌注其中。曹丕在《典论·论文》中说过："文以气为主，气有清浊之分。"可以说林徽因的文章有股清新之气以及清新自然的美感。在此，我们不妨体验一番林徽因的一段阐述中国建筑史学与美学的话语，其曰：

> 建筑上的美，浅而易见的当然是其轮廓、色彩、材质等。但美的大部分精神所在，却蕴于其权衡中，长与短之比、平面上各大小部分之分配、立体上各体积各部分之轻重均衡等。所谓增之一分则太长，减之一分则太短的玄妙。但建筑既是主要解决生活上实际各问题，而用材料所结构出来的物体，所以无论美的精神多么飘渺难以捉摸，建筑上的美是不能脱离合理的、有机能的、有作用的结构而独立。能呈现平稳、舒适、自然的外象，能诚实地坦露内部有机的结构，各部的功用及全部的组织不事掩饰，不矫饰，不矫揉造作，能自然地发挥其所用材料的本质的特性，只设施雕饰于必须的结构部分，以求更和悦的轮廓，更调谐的色彩，不勉强结构出多余的装饰物来增加华丽，不滥用曲线或色彩来求媚于庸俗，这些便是建筑美所包含的各条件[五]。

如果一个建筑史学研究者在深入研究建筑历史之后，又在某种程度上超越历史，然后选择一个前辈学者未曾运用过的特殊视角来进一步深入历史，阐释出自我所感受的建筑历史过程，那么他的论著就可能获得自己的个性化的论著风格。这不仅是论著整个中国建筑史，就是论著建筑断代史，或者研究某一历史问题与现象亦然。当然，这不是一蹴而就的易事，需要学者付出艰辛的磨砺。就我接触的同辈学人中，有很多同仁面临建筑史学现状时，都有一种紧迫感和随之孕育出的痛苦感，他们预感到自己应该或将要突破前辈学人的一些研究模式，但

[一] 王贵祥：《关于建筑史学研究的几点思考》，《建筑师》，1996 年第 4 期。

[二] 吴良镛：《论中国建筑文化的研究与创造》，《华中建筑》，2003 年第 6 期。

[三] 高介华主编的《中国建筑文化研究文库》，2003 年由湖北教育出版社陆续出版，迄今已出版《中国古代建筑思想史纲》（王鲁民著）、《中国墓葬建筑文化》（李德喜、郭维德著）、《中国建筑典章制度考录》（龙彬著）、《中国建筑理论钩沉》（曹春平著）、《中国建筑创作概论》（余卓群、龙彬著）、《中国风水文化源流》（王育武著）、《中国古代建筑环境生态观》（沈福煦、刘杰著）、《中国建筑环境文化观》（巫纪光著）、《中国传统建筑外部空间构成》（戴俭、邹金江著）、《中国古代住居与住居文化》（张宏著）、《中国建筑装饰文化源流》（沈福煦、沈鸿明著）、《中国军事建筑艺术》（吴庆洲著）、《中国江南水乡建筑文化》（周学鹰、刘尧著）、《中国客家建筑文化》（吴庆洲著）、《中国书院文化与建筑》（杨慎初著）、《中国江南禅宗寺院建筑》（张十庆著）、《中国古代苑园与文化》（王铎著）、《中国历代名匠录》（喻学才著）、《中国历代名建筑志》（喻学才著）、《中国史前古城》（马世之著）、《中国文化与中国城市》（宋启林、蔡立力著）、《中国村镇建筑文化》（王路著）、《中国建筑文化之西渐》（冯江、刘虹著）、《中国近现代建筑艺术》（刘先觉著）、《中国近代中西建筑文化交融史》（杨秉德著）、《中国西南地域建筑文化》（戴志中、杨宇振著）、《中国与东南亚民居建筑文化比较研究》（施维林、朱良文著）、《中国古典建筑的意象化生存》（袁忠著）等等。

[四] 杨鸿勋：《中国建筑史学史概说》，《建筑史论文集》，第 11 辑，清华大学出版社，1999 年 9 月版，第 199 页。

[五] 梁思成：《清式营造则例·绪论》（林徽因撰写绪论），中国营造学社，民国二十三年（1934 年）6 月版。

又不是轻而易举的，更不能跨越前辈而走捷径，必须走一条世上原本没有的创新之路。我以为作为历史与美学统一的中国建筑史学研究视角，就不失为一种蕴涵个性化风格的途径。因为客观存在的历史与个人意识到的历史从来就不是一回事，每个人的审美趣味更是不同。每个人依据自己的史学观点与方法以及审美观照方式可以构筑一部自我意识的建筑史[一]。采用特殊的角度把握的中国建筑史学论著必然有自己的审视角度、自己的思维方法、自己独特的文体与文风，写出来的论著自然就蕴涵着研究者别具一格、的个性化的论述风格与生气。

我对史学与美学的关系一直感兴趣，总觉得这是可资研治建筑史学借鉴的一个重要的观念与方法论，但一直也没有弄明白两者的关系到底是怎么一回事，因此曾经不止一次地拜读史学者周谷城的《史学与美学》[二]一文，以期从中得到教益与启发。不无遗憾的是，每每因文中"美的源泉只能从斗争中来"的论调导致我屡次都难以卒读此文，因为自然、社会、艺术以及人世间的美皆"美在和谐"，而不是矛盾、冲突、斗争的结果。直到有一天，我重新阅读恩格斯要用"历史的观点与美学的观点"[三]统一的最高标准来衡量艺术的历史价值与艺术价值有关论述，才稍事明白"史学与美学"的涵义。美学的观点即以艺术自身价值与特殊规律作为衡量标准与尺度；历史的观点即从特定的历史环境和条件加以考察，两者的统一即是"合规律、合目的统一"[四]。恩格斯的这种唯物的历史与美学的统一观，既考虑到艺术作

为历史现象的一般规律，又顾及艺术自身的特性与发展规律，并期待艺术应当"将较大的思想深度和意识到的历史内容，同莎士比亚剧作的情节的生动性和丰富性的完美结合"，即历史的真实性、思想性和艺术的审美性融合为真善美统一的境界[五]。只有把历史的逻辑与美学的规律结合起来才是完整的艺术史论观，因为人不仅按照物种的尺度，同时还会用人类自身的尺度来把握世界，即历史的与美学的统一规律。中国建筑史学与美学关系的情形亦然。王璧文编写的《中国建筑》与梁思成著作的《清式营造则例·绪论》一样为此均作过努力。在王璧文看来，"凡一种优秀完善建筑，在原则上必具'实用'、'坚固'、'美观'三基本条件。实用者，所以求切合当时当地人民生活习惯，与其地理环境各种实际之需要之谓。坚固者，所以进寻常环境之下，以不违背其主要材料之合理的结构原则，而求其能含有相当永久性也。美观则以合理之权衡，而呈现其稳重舒适自然之外表，及充分呈示其全部及部分功用。以不事掩饰及矫揉造作为主要条件，亦即'坚固'、'实用'二者之自然结果。"[六]

王璧文与林徽因关于中国建筑史学与美学的阐释异曲同工地达至历史的与美学的统一境界。

迄今为止的上述那些中国建筑史学名著，基本上是从社会学角度侧重于用辩证唯物主义和历史唯物主义的观点，将建筑各个历史时期的发展过程和规律视为社会政治历史的派生物，而忽视了作为艺术之一种的建

筑自身的规律和美学的规律，关注建筑伴随着原始社会、奴隶社会、封建社会发展而发展的建筑类型与技术及风格的变迁，而缺乏审美观照，致使诸多中国建筑史学论著几乎成了史料与考证资料的汇编，而不是融历史与美学规律统一的动态发展的建筑史。倘若我们将既往的中国建筑发展历程与审美历程结合起来观照，诉诸人以原始建筑混沌之美、秦汉建筑朴拙之美、六朝建筑超然之美、隋唐建筑壮丽之美、宋元建筑优雅之美、明清建筑境界之美的新感觉与新视域，必然激发建筑历史的新阐释与美的发现。

[一] 崔勇：《论 20 世纪的中国建筑史学》，《建筑学报》，2001年第 6 期。

[二] 周谷城：《史学与美学》，上海人民出版社，1980 年 11月版。其中《史学与美学》一文原载 1961 年 3 月 16 日《光明日报》。周谷城在文中写道："历史家从现实中抽出规律，组成理论，以为理想；艺术家从现实中捉住感情，造成艺术品，以为理想。历史家的理想是指导人，艺术家的理想是感动人的。然而都是载道的，都推动斗争,使不断前进。"这样的论调烙印着明显的当时强调斗争哲学风尚及其个人观念的历史印记。

[三] 恩格斯：《从人的观点论歌德》，参见《马克思恩格斯全集》第 27 卷，人民出版社，1972 年版。

[四] 康德著、宗白华译：《判断力批判》（上册），商务印书馆,1996 年 6 月版，第 27 ～ 34页。

[五]《马克思恩格斯选集》第4 卷，人民出版社，1977 年 2月版，第 343 页。

[六] 王璧文：《中国建筑》，国立华北编译馆,1942 年 9 月版,第 3 页。

【"圆庐"初探】
——从《千里江山图》中的特殊建筑谈起

顾　凯·东南大学建筑学院

摘　要：中国古代建筑史上有一种特殊的圆形草庐，以茅草材质、圆形平面、拱形门洞、穹隆结顶为特征，零散出现于各种绘画、记述、石窟壁画和雕刻等间接资料中，与常规的木构建筑形态形成鲜明对比。本论文通过对各种形象与文字案例的分析，并结合印度犍陀罗的相关形象例证，考证这种"圆庐"有着外来原型，是随佛教而传入，并有着禅修作用及象征意义；而这种外来的圆庐在中国也存在着本土化的现象，一些类似营造也可能与此相关。这一初步研究对圆庐这种简单原始营造在建筑史研究上的意义与可能提出了新的认识，并对中国古代建筑史中的多样性问题、建筑文化交流问题提供新的视角和理解。

关键词：圆形草庐　佛教禅修　印度犍陀罗　本土化　多样性

113

一　引言：《千里江山图》中的特殊建筑

北宋天才画家王希孟在政和三年（1113年）年仅18岁时所绘的《千里江山图》（图1），在近12米的长卷上，以青绿设色描绘了气象万千的江山场景，"场面浩大，景物繁多，前无古人……代表着北宋后期山水画的杰出成就"[一]。而除了在绘画史上的重要地位外，此画在建筑史的研究中

[一] 陈传席：《中国山水画史》[M]，天津人民美术出版社，2001年版，第169页。

图1 《千里江山图》局部（故宫博物院藏）

在堂后有草庐，建于中轴线上，草庐右侧有一亭，堂中二人对坐，应是住宅，但形式古怪，也许是仿所谓"南阳诸葛庐，西蜀子云亭"的高士、隐士之居？姑存臆说，俟再考之[三]。

这组建筑"形式古怪"，尤其是位于中轴线后部的草庐尤为特殊——圆形平面，结圆穹顶，覆满茅草的屋身上有一圆拱形门洞——为全画上百处建筑物中唯一的一处非常规木构形式建筑，傅先生对此也显得颇为困惑而存疑待考。事实上，作为一座草庐，属于较为简单原始的建筑，就营造本身而言并非难解；真正令人感到新奇与疑惑的是它在画中出现的原因：这一特殊形态、以其特殊布置方式，究竟具有怎样的用途和意义？

众所周知，中国古代单体建筑一般以木构营造，如北宋喻浩在《木经》中所说的"凡屋有三分"——以台基、屋身、屋顶为形态构成（图4），较为重要的建筑尤为如此。此画中的这一圆形草庐位于中轴线上，显然是群体中的重要建筑，而在其他建筑均为木构营造时，这一建筑恰恰成为例外，

图2 《千里江山图》中的圆形草庐

114

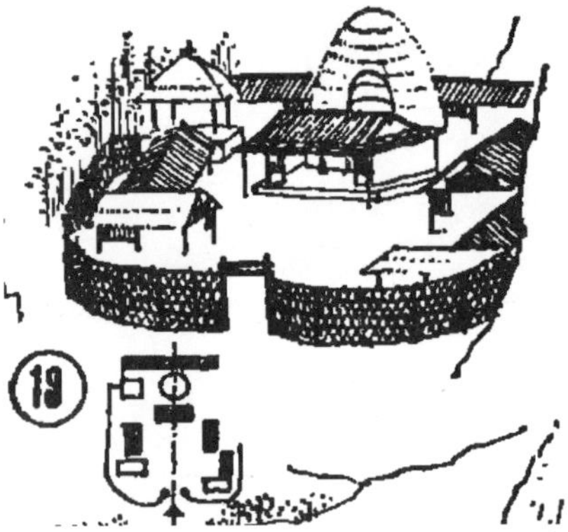

图3 《千里江山图》中的圆形草庐[一]

也有重要价值，傅熹年先生有《王希孟〈千里江山图〉中的北宋建筑》一文对此画中的建筑做了详细研究，其中指出："画中所表现的大量建筑物如住宅、园林、寺观、酒店、桥梁、水磨以及舟船等都描绘得非常细致"，"是宋画中表现住宅和村落全景最多的一幅"[二]。

傅先生注意到画中有一处特殊建筑（图2），对其绘图（图3）并叙述如下：

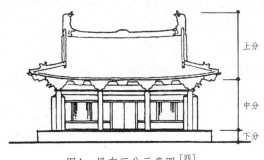

图4 屋有三分示意图[四]

其材料与形态的选用显然不是随意草率的营造，而一定是刻意为之。傅先生尝试以"南阳诸葛庐，西蜀子云亭"的典故来解释，但这一将"庐"与"亭"并列的认识仍带来难以解决的问题：圆形草庐位于中轴线上，而方亭偏于一侧，因而圆形草庐显然地位要高得多，再加上其体量要大许多，方亭无法与其并列视之。这一特殊的圆形草庐营造，应当有更为特别的用意。

那么，这一圆形草庐究竟意味着什么？是否有着历史先例及传承？对其认识是否对可中国建筑史提供一些新的理解？对这些问题的认识，需要我们从历史上的其他相关的营造实例进行解读。

二 《狮子林十二景图》中的圆形草庐

与《千里江山图》中的圆形草庐极为相似的建筑形象，在元末明初文人徐贲（1335～1380年）绘于明洪武七年（1374年）的《狮子林十二景图》册页中也可以看到。此组园图中的第五幅为"禅窝"，画中主体建筑形象正是一座结圆顶、带拱门的圆形草庐，从草庐开口可见内部，一位僧人正在坐禅（图5）。

在徐贲《狮子林十二景图》的其他各图中，所绘建筑均为常规的木构建筑；虽然如"竹谷"等图中的建筑也是茅草顶，但仍有台基、屋身、屋顶的常规形态构成（图6），因而"禅窝"的圆形草庐显然也是刻意以不同形象出现。

狮子林为元末明初的苏州著名寺园，当时有诸多相关诗文，如此刻意为之的特殊形态营造，按理来说多少会得到记载。然而奇怪的是，这一显著个性形象，在元末明初的诸多文字中完全没有被提及。如欧阳玄作于元至正十四年（1354年）的《狮子林菩提正宗寺记》中提到：

竹间结茅曰"禅窝"，即方丈

[一] 傅熹年：《王希孟〈千里江山图〉中的北宋建筑》[J]，《故宫博物院院刊》，1979年第2期，第51页。

[二] 同注 [一]，第50页。

[三] 同注 [一]，第52页。

[四] 侯幼彬：《中国建筑美学》[M]，中国建筑工业出版社，2009年版，第51页。

[五] 延光室发行，民国十七年十二月初版。

[六] 同注 [五]。

图5 徐贲《狮子林十二景图》之"禅窝"[五]

图6 徐贲《狮子林十二景图》之"竹谷"[六]

也。上肖七佛，下施禅坐，间列八镜，光相互摄，期以普利见闻者也[一]。

这里说明"禅窝"为方丈室和其中布置，以及用"茅"为屋顶材料，并无其他外部形象说明。而这里提到的内部有"七佛"、"八镜"，在徐贲图中并无体现，而且令人怀疑是否能在局促的圆形室内空间内得到舒适容纳。危素也有一篇《狮子林记》的记载与之非常类似：

狮子峰后结茅为方丈，扁其楣曰"禅窝"，下设禅座，上安七佛像，间列八镜，镜像互摄，以显凡圣交参，使观者有所警悟也[二]。

此外，王彝作于洪武五年（1372年）的《狮子林记》，也只提到："狮（峰）之北有室一，曰'禅窝'"[三]，再无其他叙述。明初的《狮子林十二咏》中，张简作《禅窝》一诗：

草窝双树下，借与定僧居。
会待虚空境，坐卧总从渠[四]。

其中有"草窝"之语，但除了说明茅草的材料和"窝"的名称，并不能提供其他形态信息。

而最让人感到疑惑的，还来自于另一幅存世的对当时狮子林的绘画。就在徐贲绘此图册的前一年，即洪武六年（1373年），大画家倪瓒（1301～1374年）也曾作单幅的《狮子林图》（图7），然而图中并没有出现圆形草庐的形象，位于群体后部的"禅窝"与其他建筑一样，也是以常规屋身、屋顶形态构成的木构建筑。那么，二图中对"禅窝"截然不同的形象描绘，何者更可能是真实的？

著名艺术史学家高居翰（James Cahill）及其合作者在《不朽的林泉——中国古典园林绘画》一书中，就写实问题，对徐贲的《狮子林十二景图》和倪瓒的《狮子林图》进行了比较：

徐图确实有几幅比较写实，如狮子峰、立雪堂、指柏轩等，但其中的大部分，如含晖峰、卧云堂、玉鉴池等，则恰如徐贲的题词所说，"初不较其形似"，观画者不可按图索骥将画坐实，而应于骊

图7　倪瓒《狮子林图》（故宫博物院藏）

116

黄之外求取画家本意。相比之下，反而是倪图要更写实一些。倪瓒《狮子林图》的写实性可以从欧阳玄的《狮子林菩提正宗寺记》和王彝的《游狮子林记》中得到验证，图中所绘与记中所载基本相合……[五]

根据这一认识，倪瓒的《狮子林图》要比徐贲的《狮子林十二景图》更为写实；又结合诸多诗文中并无只字片语述及圆形草庐的特殊形态，而且考虑到记载中的诸多佛像与镜子陈设所需要的室内空间为圆形草庐难以提供，可以倾向于认定：徐贲《狮子林十二景图》中对"禅窝"的描绘，也是类似于"含晖峰"、"卧云堂"、"玉鉴池"，是"不较其形似"的意向性表达，而"不可按图索骥将画坐实"；而其真实形态，大概还是如倪瓒的《狮子林图》所绘，同狮子林中其他建筑类似的小型木构建筑。

这一认识带来的问题是，徐贲《狮子林十二景图》中为何特意要将"禅窝"绘为圆形草庐形象？

无疑，圆形草庐的形象与"窝"的名称更为吻合，但其背后应当有着更为深刻的用意。"禅窝"在狮子林中地位显要，"虽然简易却是寺内最尊贵的建筑，园中的奇石基本都罗置在禅窝附近"[六]；此建筑不仅为"方丈"、"下设禅坐"，是最重要的禅修场所，而且"上安七佛像，间列八镜"，也是礼佛的空间，因而其宗教功能最为强烈。而徐贲《狮子林十二景图》中"禅窝"的配诗为："扃鐍总忘机，魔外自难入。虚圆日夜明，一尘元不立"（图5）。也可看到其中纯粹为宗教意向的表达。那么，对如此强烈宗教内涵的场所，选择超越现实之外的形象来表达，就一定与此主题相关，且能使这种宗教意向更为加强。也就是说，画中圆形草庐的形象，不仅与"窝"的名称相配，更应当与表达佛教的主题是极为密切的。

那么，这种圆形草庐形式真的与佛教有着某种深层的密切关联吗？

三 《方圆庵记》中的"圆庐"称谓与佛教石窟雕刻中的圆庐形象

北宋著名书画家米芾（1051～1107年）有传世墨迹《方圆庵记》（又名《杭州龙井山方圆庵记》）（图8），该记为杭州净慈寺守一法真禅师于元丰六年（1083年）所撰，标题中的"方圆庵"，是杭州龙井寿圣院辩才法师所筑的一座下方上圆的特殊形态建筑，文中叙述了两位法师就其形态所具内涵的一场讨论，据辩才法师自述，其寓意与中国传统的所谓"天圆

[一]《吴都文粹续集》卷三〇，《四库全书》文渊阁本。

[二]《师子林纪胜》，《四库全书》文渊阁本。"狮子"在当时写作"师子"，文献中出现的"师子（林）"在本文的正文中均作"狮子（林）"。

[三]王彝《王常宗集》续补遗，《四库全书》文渊阁本。

[四]《吴都文粹续集》卷三十，《四库全书》文渊阁本。

117

[五]高居翰、黄晓、刘珊珊：《不朽的林泉——中国古典园林绘画》[M]，三联书店，2012年版，第107页。

[六]同注[五]，第108页。

图8 米芾《方圆庵记》传世墨迹[一]

地方"的宇宙观念以及《淮南子·主术训》中"智欲圆而行欲方"的经典处世哲学相契合[二]。该记中有一段描述如下：

> ……法师命予入，由照阁经寂室，指其庵而言曰："此吾之所以休息乎此也。"窥其制则圆盖而方址。予谒之曰："夫释子之寝，或为方丈，或为圆庐，而是庵也，胡为而然哉？"法师曰："子既得之矣。虽然，试为子言之……"[三]

这里"夫释子之寝，或为方丈，或为圆庐"的说法，提供了"圆庐"的称谓，更明确了"圆庐"与佛教的直接关联——"圆庐"的功能内涵在于"释子之寝"，与"方丈"一

样。这里也可以看到，通常作为佛寺住持居处的"方丈"，是取其一般为方形的形态本义，而其实也有圆形草庐（即"圆庐"）的做法。

狮子林中的"禅窝"，在诸多记载中正是"方丈"，可见徐贲图中所绘的圆形草庐形象，正是《方圆庵记》中所谓的"圆庐"。

从《方圆庵记》也可得知，"圆庐"在当时是一种为人所熟知的特殊建筑形态类型，为僧人禅居之所，而有着特定的佛教功能与内涵。正由于其特殊外在形态与明确功能内涵之间的关联，"圆庐"成为了一种象征标志；因此，徐贲《狮子林十二景图》中以此替代了真实的方丈室的建筑形态，来表达他心目中的寺中最尊贵建筑的理想形象。

以此我们也可以初步揭开《千里江山图》中那座特殊建筑之谜。《千里江山图》与《方圆庵记》为同一时期的作品，有着共同的观念与营造上的时代背景；《千里江山图》中那处位于中轴线末端的圆形草庐，正是一座当时作为"释子之寝"的"圆庐"，从而应当从与佛教禅修相关联的角度进行理解。

那么，圆庐与佛教建筑的这种强烈关联，又有着怎样的历史渊源？

四 中国早期佛教石窟中的圆庐形象

早期的中国佛教建筑形象，往往可以从石窟壁画与雕刻中得到；对于圆庐的更早期形象，我们也可以在一些石窟中找寻证据。

萧默先生的《敦煌建筑研究》一书中对敦煌石窟壁画中的各种建筑类型作了总结，其中就有一种"草庵"（图9），萧先生描述如下：

北朝已画有僧人山
野禅居用的草庵，以后
各代都有……壁画的草
庵都是圆形草屋，形状
都差不多，作圆穹顶，
开圆券门，内仅容一人
栖止；圆穹以草覆，顶用草束扎成凸出的形状[五]。

图9　敦煌壁画中草庐形象[四]

[一] [宋] 米芾：《宋米芾方圆庵记》[M], 上海书画出版社，1987 年版。

[二] 关于此书法的历史考证与解释，参见陈根民：《米芾＜方圆庵记＞及其传世拓本考》[J]，《社会科学战线》，2008 年第 1 期。

[三] 同注 [一]。

[四] 萧默：《敦煌建筑研究》[M]，文物出版社，1989 年版，第 200 页。

[五] 同注 [四]。

[六] 樊锦诗主编，孙毅华著：《创造敦煌》[M]，上海人民出版社，2007 年版，第 19 页。

[七] 关于石窟中所绘"睒子经变"的相关故事内容，可参见张鸿勋：《从印度到中国——丝绸路上的睒子故事与艺术》[A]，《麦积山石窟艺术文化论文集（上）——2002 年麦积山石窟艺术与丝绸之路佛教文化国际学术研讨会论文集》，2002 年。

这里的"草庵"形象（"圆形草屋"、"作圆穹顶，开圆券门"、"顶用草束"），正与《千里江山图》、《狮子林十二景图》中的圆形草庐一致（前者顶上的草束不很清晰，但细看也有），即所谓"圆庐"。

除了萧默先生书中提到的几个例子（北魏、中唐、宋各一），敦煌莫高窟中还有其他类似圆庐形象，如西魏大统四至五年（538～539年）开凿的第285窟壁画中，绘有禅定比丘的图像，僧人进行禅修的场所，正是一个个圆形草庐（图10）。对这一形象，有学者这样描述：

壁画中禅修的草庐置于山林间，飞禽走兽在山林间奔驰、跳跃、嚎叫、捕杀等为生存而争斗的残酷环境，丝毫没有影响裹衣端坐在草庐中禅修的僧人。他们闭目沉思，充耳不闻，视而不见，进入忘我的境界[六]。

从中可以清晰地看到，这种圆庐是与僧人的禅修活动密切相关的。

早期中国佛教中的圆庐形象，还广泛存在于"睒子本生图"（或称"睒子经变"）的石窟壁画与雕刻中，这在如克孜尔石窟、云冈石窟、敦煌石窟中都有出现（图11～图19），描绘睒子及其盲父母在山中修行的场所[七]。

图10　莫高窟第285窟壁画局部

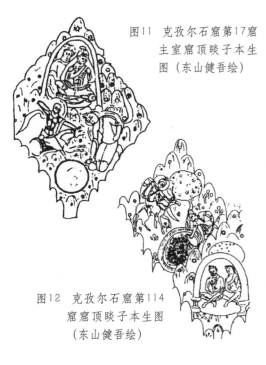

图11 克孜尔石窟第17窟
主室窟顶睒子本生
图（东山健吾绘）

图12 克孜尔石窟第114
窟窟顶睒子本生图
（东山健吾绘）

图13 云冈石窟第9窟前室北壁
睒子本生故事雕刻

图14 云冈石窟第9窟前室西壁睒子本生故事雕刻

前室西壁

前室北壁

图15 云冈石窟第9窟前室睒子本生故事雕刻绘图（东山健吾绘）

图16　敦煌西千佛洞第10窟南壁睒子本生图绘图

图17　敦煌莫高窟第299窟窟顶睒子本生图绘图

图18　麦积山石窟127窟窟顶藻井前坡睒子本生图壁画

图19　敦煌莫高窟第299窟北坡睒子本生图

图20 《敦煌建筑研究》中宅旁草庵形象^[一]

尽管绘画或雕刻的方式各有差异，但圆庐始终出现，形象是非常一致的。

从而我们可以看到，在中国早期佛教的艺术形象中，圆庐已然是一种类型化的建筑方式，与作为禅居场所的功能内涵密切相关。

佛教是由西域传入中土，那么中国早期佛教即有的这一圆庐类型，是外来的输入，还是本土改造的产物？

五　圆庐的外来原型

萧默先生在《敦煌建筑研究》一书中认为，这种"草庵"（即"圆庐"）在本土早期就有：

这种庵又称为蜗舍。《古今注》说："野人结圆舍如蜗牛之壳，故曰蜗舍"（晋·崔豹《古今注》卷中鱼虫条）。由《妮古录》及《魏志》又称蜗牛庐，蜗牛又叫黄犊，所以又名黄犊庐，皆一物之异名。《急就篇》卷三："室宅庐舍楼殿堂"，颜师古注云："庐，别室也，一曰田野之室也"，是山野最贫苦的人们赖以栖身的地方。又唐代民歌《贫穷田舍汉》有"贫穷田舍汉，庵子极孤栖"

一语，也证明此点。前于住宅一章中已经见到在大宅旁附建的厩院里多有这种草庵，那是奴仆的住处。^[二]

萧先生没有给出中国早期"蜗舍"或其他与这种圆庐形态一致的图像，所提到的"前于住宅一章中已经见到在大宅旁附建的厩院里多有这种草庵"，书中对此的唯一一张附图中则是采用木架结构的茅舍（图20），也与圆庐相去甚远；因而这种圆庐来自本土的认识，还缺少直接的证据。另外，如果这种圆庐的直接来源是中国本土而非外来，那么佛教石窟中的圆庐形象应是在佛教传入中国以后出现、为本土的一大特色。然而，大量的实例与研究表明，这种圆庐形象更应当来自西域及印度的直接影响。

日本学者须藤弘敏通过对敦煌莫高窟第285窟壁画中的禅定比丘图像（图10）的研究，指出："这种山中或草庐中坐禅修行的比丘图像，还见于中亚至日本辽阔地域的佛教艺术品中"^[三]，可知草庐修行并非中国本土独有。

东山健吾《敦煌石窟本生故事画的形式——以睒子本生图为中心》一文，更通过对大量睒子本生图形式的研究，指出中国石窟中的睒子本生图，无论在内容还是形式上都是受到印度犍陀罗的直接影响而非本土产生^[四]。文章中所展示的2～3世纪在犍陀罗（Gandhara）与贾马尔格里（Jamal Garhi）出土的睒子本生图（图21、图22），其中的圆庐形象正与中国石窟壁画与雕刻中的完全一致。这样的图像证据，有力地表明中国石窟中的圆庐形象是受到直接外来影响而形成。

对于犍陀罗艺术中的圆庐形象，除了前述睒子本生图（图23）外，还可以在其他一些例子中看到（图24、图25），由此可见圆形草庐在早期印度一带佛教中的常见。

[一] 萧默：《敦煌建筑研究》[M]，文物出版社，1989年版，第184页。

[二] 同注[一]，第200页。

[三] 须藤弘敏：《禅定比丘图象与敦煌285窟（摘要）》[J]，《敦煌研究》，1988年第2期，第50页。

[四] 东山健吾：《敦煌石窟本生故事画的形式——以睒子本生图为中心》[J]，《敦煌研究》，2011年第2期，第1～11页。

图21　犍陀罗出土睒子本生图雕刻（2～3世纪）（东山健吾绘）

图22　贾马尔格里出睒子本生图雕刻（2～3世纪）（东山健吾绘）

123

图23　犍陀罗出土睒子本生图[五]

[五] H·因伐尔特：《犍陀罗艺术》[M]，上海人民美术出版社，1991年版，第78页。

[六] 同注[五]，第88页。

[七] 同注[五]，第93页。

图24　"首次拜访婆罗门"[六]

图25　"佛为释迦显蛇"[七]

从这些比中国佛教艺术更早的图像证据，我们可以清晰地看到外来的影响，圆庐形象正是随着佛教的传入而一起进入。可以推测，这种作为早期印度一带佛教徒修行场所的圆庐本身，也随着佛教禅修活动的需求而被引入，在中国也成为佛教徒禅修使用的一种新的建筑类型（"释子之寝"）。

而圆庐对于佛教而言，还不仅仅在于直接的使用及形象的存在，还在于对一些其他营造形式的影响。如宿白先生曾对石窟中"莲瓣式龛楣"进行过研究：

> 至于莲瓣式龛楣究竟何所取义，第285号窟窟顶下缘那匾中坐苦修者的草庐，给了我们很大启示，草庐的画法多少带有象征性，只用一条简单的粗线画出半圆形的庐口，而这条简单的粗线上却装饰了莲瓣式龛楣中常见的连续忍纹文，因此使我们联想到第257号窟北壁所画象征性的释迦苦修草庐和第208号窟北壁弥勒变中的真正的草庐，于是莲瓣式龛楣的来源问题，就找到了解答：是一座草庐的正面[一]。

这一认识也得到其他一些研究的支持，如：

> 尖拱龛表示僧人在山中苦修的草庐。云冈石窟第9窟前室北壁"睒子本生"故事中的盲父母所居的草庐样式与甘肃发现的北凉石塔佛龛样式类同，可见尖拱龛由草庐发展而来的表述没错[二]。

而作为修行场所原型的圆形草庐，不仅影响到石窟局部形态，还影响到石窟本身，如宿白先生就认为大同云冈石窟最早期的"昙曜五窟"的空间形态就来自圆庐：

> 第一期石窟，在形制上的特点是：各窟大体上都摹拟椭圆形平面、弯窿顶的草庐形式[三]。

这样的见解也在其他研究中得到普遍认同，如：

> 昙曜五窟特点非常明显……平面都是马蹄形或椭圆形，穹隆顶。这种结构是仿照印度草庐建筑的（草庐是供教徒修习的地方）[四]。

可以看到，源于印度的圆形草庐建筑建筑对于中国佛教的影响，不仅在于自身的类型，还成为了影响到佛教营造其他方面的一种重要原型。

六　圆庐的本土化及可能相关的营造

可以明确，《千里江山图》中的那座圆庐的原型应当来自佛教，其作用应当是禅修的场所；然而，就整组建筑群的设置及其中人物来看，如傅熹年先生所说，更似常规士人住宅（"堂中二人对坐，应是住宅"），而非佛寺。那么，情况就有些复杂，作为佛教禅修标志的圆庐，已经脱离了佛教寺院，进入到一般的士人文化中了。考虑到佛教进

124

入中国后经历了深入的本土化，外来的圆庐在中国也有着本土化的可能。

上文中萧默先生对圆庐的本土早期来源的探索中，提到中国历史上有的"野人结圆舍如蜗牛之壳"的"蜗舍"，尽管形态不详，也不能成为圆庐的直接来源，但至少给我们一个启示，在圆庐进入中国之时，中国人对这种圆形草庐形象并不完全陌生，而可以有某种本土的参照。

北宋司马光（1019～1086年）在《独乐园记》中描述了一处特殊的营造：

> 堂北为沼，中央有岛，岛上植竹，圆周三丈，状若玉玦，揽结其杪，如渔人之庐，命之曰"钓鱼庵"[五]。

明代画家仇英在《独乐园图》中描绘了他心目中这座"钓鱼庵"的形象（图26）。这处简易庐庵的圆形平面、顶部绑扎的做法，与圆庐营造有类似之处；尤其重要的是，提供了一个内向的、可供静修的场所，更与佛教圆庐一致。司马光所处年代正与《方圆庵记》、《千里江山图》的时代非常接近，他对佛教的圆形草庐应该并不陌生，圆庐的形态与意义或许在某种程度上影响到这一"钓鱼庵"，但或许由于司马光"不喜释老"[六]、不愿采用明显具有佛教象征意义的形态，而以另一种"如渔人之庐"、

[一] 宿白：《参观敦煌莫高窟第285号札记》[J]，《文物参考资料》，1956年第2期，第17页。

[二] 马志强、王雁卿：《云冈石窟尖拱龛形制探讨》[J]，《沧桑》，2011年第5期，第52页。

[三] 宿白：《云冈石窟分期试论》[J]，《考古学报》，1978年第1期，第25页。

[四] 马世长、丁明夷：《中国佛教石窟考古概要》[M]，文物出版社，2009年版，第195页。

[五] 司马光：《传家集》卷七十一，《四库全书》文渊阁本。

[六] 李昌宪：《司马光评传》[M]，南京大学出版社，1998年版，第362页。

图26　仇英《独乐园图》局部（美国克利夫兰美术馆藏）

更为本土所熟悉的营造方式表达出来。

如果说司马光在独乐园中的营造是否受到佛教圆庐的影响并不清晰，那么辩才法师的"方圆庵"对圆庐的本土化努力就完全明白无误了。他不仅将外来的"圆庐"和本土的"方丈"两种建筑形态融为一体，更在内涵意义上将草庐的圆形与普通建筑的方形相结合，以中国传统的"天圆地方"等观念来解释，反映出中国文化对外来事物的强大包容能力。

"方圆庵"体现了佛教建筑文化中对圆庐的吸纳与改造，而本土化关联更为深远的或许还在于士大夫文化，对其典型体现莫过于士人园林。比起司马光独乐园中的营造，元末明初著名士人宋濂（1310～1381年）在《江乘小墅记》中所记载的位于江乘（今镇江）的一处特殊园林建筑更接近圆庐形态：

> 艭之北筑圆基，围以巨竹织苇，而苴以泥，其颠通一窍，以泄天明，结铜丝为幂承之，冒以油缯，东西北三面有窍如，其颠障之以白间鍊栀液，而黄其四周，可据炉而饮，饮后可画，曰"橘中天"；以其首末䌷而中肥，其形肖茧，又更之为"茧瓮"[一]。

这处建筑以明确的圆形庐舍为形态特征追求，貌似"橘"、"茧"，并作为建筑的命名。与传统的圆形草庐相比，这一营造更为复杂，从技术工艺（"围以巨竹织苇，而苴以泥"、"结铜丝为幂承之，冒以油缯"）、开洞方式（"其颠通一窍"、"东西北三面有窍如"）来看，应当是来自北方游牧民族毡帐（"穹庐"）的影响（这也正与元代的历史背景相一致），但其形态追求上，"橘"、"茧"外形则不似毡帐，而更似佛教圆庐。这一营造在时代上与徐贲《狮子林十二景图》一致，对其中所绘"禅窝"形态的圆庐应该并不陌生，二者或许有着某种内在关联，而造就园林史上的一处特别风景。

七 余论：圆庐研究的意义与可能

从表面上看，圆形草庐仅是一种简单原始的营造方式，早就消失于主流建筑文化之外，并无太多值得深入探讨的意义；然而，在当代建筑历史与理论的研究中，"原始棚屋"却是一个极富意义的课题。著名建筑历史理论学者约瑟夫·里克沃特（Joseph Rykwert）在其《亚当之家——建筑史中关于原始棚屋的思考》一书中指出，原始棚屋有着"原初因而是本质的意义"[二]，"所有民族在每个时期似乎都有过这个兴趣，而且在不同的地方、不同的时间，人们赋予这个精巧的形象的意义似乎没有太多变化"[三]，并且在建筑史上每每从对原始房屋的回顾探求中产生着对建筑文化更新的力量源泉。就圆庐而言，这不仅是一种建筑营造，而是在佛教中被逐渐作为一种具有深层意义的象征。美国夏威夷大学教授卡兹·阿什拉夫（Kazi Ashraf）在《佛的居所》（The Buddha's House）一文中，正是把草庐作为佛教早期建筑的重要象形性原型[四]。因而，就建筑文化的意义层面上，过去一般不为人关注的圆庐，有着深刻的研究价值；而对于圆庐及其象征意义如何在建筑史上发展演变、扩散传播，还有诸多继续研究的可能。

而圆庐作为主流中国古代建筑文化之外的一种特殊例外，也为中国建筑史提供了多样性的研究意义。可以看到，尽管中国古代建筑以木构为基本特征，但即便在汉地，也存在着之外的多样性，圆庐就是一种差异极大的营造方式，在某些特殊场合（如佛教修行）成为一般营构外的另一种选择。以这种多样性的视角，进一步探讨如圆形庐舍这样的非常规建筑的营造、比较与常规建筑的异同，可以为中国建筑史研究提供了新的丰富认识。

对这种中国建筑历史多样性的认识，还与建筑文化交流史的研究息息相关。圆庐作为随佛教而传入的建筑类型，不仅可以丰富佛教建筑文化史本身的直接认识，还可对于中国建筑史上其他一些新样式形态的出现、演变有某种新的启发，已经得到认识的石窟、龛楣等的原型理解就是例证。圆庐从外来到本土，其技术、功能与意义经历怎样的变化、产生怎样的复杂性，也是值得探讨的课题；而前文中提到的游牧民族"穹庐"对相关汉地建筑有怎样的影响交流，也可能在圆庐的本土化研究中进一步得到认识。从而，以这样的建筑文化交流的视角来认识圆庐的营造与意义，也可以为中国建筑史提供新的认识途径。

（感谢丁垚、任思捷提供资料线索）

参考文献:

[一] Kazi Ashraf. The Buddha's House[J]. Anthropology and Aesthetics, No. 53/54 (Spring—Autumn, 2008)。

[二] [美] H·因伐尔特：《犍陀罗艺术》[M], 上海人民美术出版社, 1991年版。

[三] [美] 约瑟夫·里克沃特：《亚当之家——建筑史中关于原始棚屋的思考》[M], 北中国建筑工业出版社, 2006年版。

[四] [宋] 米芾：《宋米芾方圆庵记》[M], 上海书画出版社, 1987年版。

[五] 陈传席：《中国山水画史》[M], 天津人民美术出版社, 2001年版。

[六] 陈根民：《米芾〈方圆庵记〉及其传世拓本考》[J],《社会科学战线》, 2008年第1期。

[七] 东山健吾：《敦煌石窟本生故事画的形式——以睒子本生图为中心》[J],《敦煌研究》, 2011年第2期。

[一] 宋濂：《文宪集》卷四，《四库全书》文渊阁本。

[二] [美] 约瑟夫·里克沃特：《亚当之家——建筑史中关于原始棚屋的思考》[M], 中国建筑工业出版社，2006年版，第198页。

[三] 同注 [二]，第189页。

[四] Kazi Ashraf. The Buddha's House[J]. Anthropology and Aesthetics, No. 53/54 (Spring — Autumn, 2008), pp. 225—243。

127

［八］ 傅熹年：《王希孟〈千里江山图〉中的北宋建筑》[J]，《故宫博物院院刊》，1979 年第 2 期。

［九］ 樊锦诗主编，孙毅华著：《创造敦煌》[M]，上海人民出版社，2007 年版。

［十］ 高居翰、黄晓、刘珊珊：《不朽的林泉——中国古典园林绘画》[M]，生活·读书·新知三联书店，2012 年版。

［十一］ 李昌宪：《司马光评传》[M]，南京大学出版社，1998 年版。

［十二］ 马世长、丁明夷：《中国佛教石窟考古概要》[M]，文物出版社，2009 年版。

［十三］ 马志强、王雁卿：《云冈石窟尖拱龛形制探讨》[J]，《沧桑》，2011 年第 5 期。

［十四］ 宿白：《参观敦煌莫高窟第 285 号札记》[J]，《文物参考资料》，1956 年第 2 期。

［十五］ 宿白：《云冈石窟分期试论》[J]，《考古学报》，1978 年第 1 期。

［十六］ 萧默：《敦煌建筑研究》[M]，文物出版社，1989 年版。

［十七］ 须藤弘敏：《禅定比丘图象与敦煌 285 窟（摘要）[J]，《敦煌研究》，1988 年第 2 期。

［十八］ 张鸿勋：《从印度到中国——丝绸路上的睒子故事与艺术》[A]，《麦积山石窟艺术文化论文集（上）——2002 年麦积山石窟艺术与丝绸之路佛教文化国际学术研讨会论文集》[C]，2002 年。

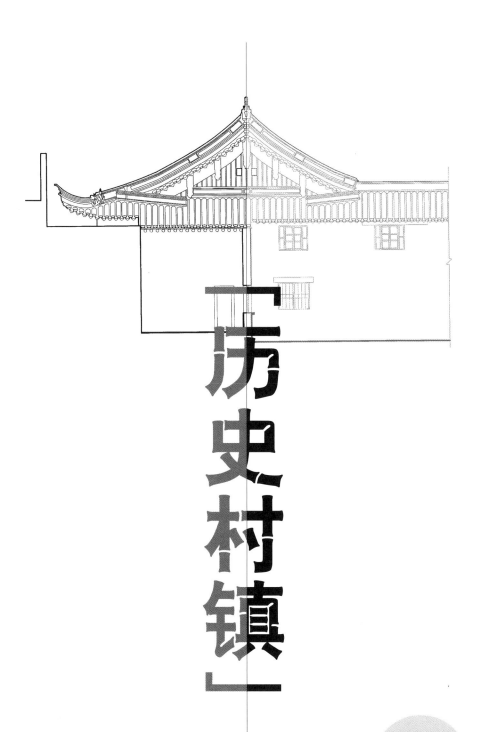

历史村镇

伍

【农村城镇化背景下传统建筑环境文化特征体系研究】

韩 怡 杨豪中 王少锐·西安建筑科技大学艺术学院

摘 要：乡村传统建筑环境从村落选址、整体布局、居住建筑、礼制建筑、民间信仰建筑等具备完整而统一的文化特征体系，具有鲜明的民族性、地域性。随着生产生活方式的改变，传统建筑环境体系的完整性正被逐渐蚕食。在农村城镇化背景下，传统建筑环境该如何有效保护、合理利用、可持续发展是乡土建筑遗产保护研究领域的重要问题。本文以乡村传统建筑环境文化特征体系为主要研究内容，探讨其影响因素及系统构成，明确以下观点：1.自然地理环境、社会结构、经济活动类型以及乡土文化背景综合作用，影响其传统建筑环境文化特征的形成；2.地域性文化特征具有多方面可持续发展的适应性，包括生态适应性、社会适应性、文化适应性等。在城镇化建设中传承地域文化特征，将有效保护和发展农村原有和谐的生态文明和文化环境。

关键词：传统建筑环境 文化特征 农村城镇化 地域性

农村城镇化进程中各方面现代化要素正在向农村扩展和辐射，农村社会、经济、文化结构已经或即将面临不小的变革。居住环境、基础设施、公共服务体系的完善在带来现代化生产生活要素的同时，也给乡村传统建筑环境带来了不小的冲击。在农村城镇化的规划与建设领域，存在以下两方面问题：1.新近建成环境反映了人们对现代化生活图景的向往，现代化的建筑材料、建造方式、建筑形态正在或已经取代了传统的地域化建设模式，传统建筑环境的文化特征正在失去其存在根据而日渐式微；2.传统建筑环境从村落选址、整体布局到居住建筑、礼制建筑、民间信仰建筑等具备完整而统一的文化特征体系，具有鲜明的民族性、地域性特点。随着生产生活方式的改变，现存传统建筑环境的完整性正被逐渐蚕食。

一 研究的目的与意义

探索农村城镇化与乡土建筑传承相结合，农村文化环境的建设与乡土文化的传承相结合的具体方法，这既是中国农村城镇化建设的必然趋势之一，也是乡土建筑传承的主要途径。因此在乡土建筑遗产保护与研究领域有以下意义：1. 以"文化特性"作为乡土建筑遗产保护的研究对象，明确了它的完整性和系统性；2. 以"乡村传统建筑环境与乡土文化整体性研究"作为乡土建筑遗产保护研究的主要方法，明确了多学科交叉研究的必要性和有效性。

建筑文化特征是乡土文化在长期的历史发展过程中留在建成物质环境中的痕迹，在时代更迭演变的过程中形成了一套俗成的固定范式，即为"文化特征体系"。其在农村城镇化进程中具有重要研究意义：1. 以此为基点可以自下而上地研究乡村传统建筑的文化功能及文化特征，为的是城镇化建设中"乡村传统建筑环境"有效传承；同时自上而下地研究乡土文化中建筑的作用及地位，为的是农村城镇化中"地域性文化环境"的特色营建；2. 以文化特征体系研究为基础的地域性建设模式以及整体性研究理论与方法，可以在农村城镇化理论体系的研究和实践中得到充实和完善。例如城镇化进程中传统文化特征的延续性及其变异规律研究，地域性建设模式的可持续发展适应性研究等。

二 农村城镇化背景下传统建筑环境文化特征体系的研究

本文引入"文化特征"的概念，目的是为了将"文化"这一种意识形态领域的概念，通过建筑环境意义表达，转化为更易于识别更好把握的物质性特征。当然这首先就要解决"文化是什么"和"文化做什么"的问题。基本概念的廓清是为了理论体系的言之有理，以及实践体系的言之有序。拉普卜特认为"文化"是一个民族的生活方式、一种世代传承的图示体系、一种改造利用自然的方式。"文化的作用"是一种对生活的设计、赋予个体意义的整体构架、定义个体所构成的整体。并且强调，上述不同定义和作用之间虽然针对不同层面、领域，但它们不存在矛盾冲突，相反是互补的，相互关联的[一]。用于描述反映这种"文化"的主要特征的方式，可以是抽象的语言文字、具象的或非物质的艺术形式。其中存在于建筑环境中的物质化形态特征，便是本文所设置的主要研究对象——建筑环境中的文化特征。乡村传统建筑环境的文化特征与具有地域性、民族性的乡土文化有着表层及深层的关系，反映着日常生活中的人与环境之间的相互影响、相互作用的机制，以在一定历史时期内相对稳定的形态及构成方式存在，并且随着某一因素或作用机制的改变而发生相应的变化。因此建筑文化特征的研究必然与环境行为学关系密切，受到社会环境、自然地理环境、文化传承与交流的影响，其中文化的影响最为深远。

传统建筑环境是区别于现代文明影响下以现代主义建筑为主的建成环境。传统建筑环境主要运用一定地域范围内传统的建筑材料及建造技术方式，形成传统的建筑形式；并且在地域自然地理条件下，在传统文化、社会组织结构及经济方式的影响下，以特定的构成模式形成的建筑环境。乡村传统建筑环境区别于城镇传统建筑环境，更多依赖于当地的地理资源条件，有着乡村经济活动和乡土生活的主要社会背景，受到乡土文化的浸染，以聚落为基本生活圈，保留着传统的生活方式及风俗习惯，保留着传统的建筑形式，并且仍然维持其正常的使用功能。下面以乡村聚落为例，阐述与传统建筑环境文化特征相关的研究内容。

（一）聚落主要文化特征的形成与影响因素

最初人们为了安全和劳动协作而聚居，由聚居的生活方式产生了聚落。经过漫长的农业文明发展，共同的自然生活条件和生产经济活动，产生了共同的社会文化，影响着聚居形式及建筑环境的形成和发展轨迹。乡村传统建筑环境是一个复杂的大系统，包含许多子系统，构成因素之间相互作用形成有机整体，它们具有许多类同的主要特征，以此来区别于其他类型的聚落整体。

由于上述因素长期的综合作用，形成了丰富的聚落类型。"形成村落类型特征的因素很多，主要是社会文化的原因、自然环境的原因、生产经济的原因，还有建筑形态的原因，每个原因里都包含着许多内容。这些复杂的原因不是单独起作用，而是同时综合地起着作用的。它们相互契合，共同决定村落的类型特征，这就使聚落的类型性特征千变万化"[二]。因此要简单地将聚落按某一标准分为特征明显的几大类型，也许可以概括某些有代表性特征的典型村落，但是断难包括所有现实中存在的聚落。所以我们采取将聚落形成影响因素进行大致分类的方式，概括出聚落类型的构成与主要特征。

首先，村落的自然地理环境和社会结构影响村落主要文化特征的形成。不同地理环境的村落决定了人们生存的主要方式。沃野千里的平原地区，人们自然以农业耕作为主；山地高原地区，没有大面积的优质耕地，除了开发梯田及缓坡地之外，结合部分养殖业和手工业，这些都是自然条件的给予和限制。体现在村落形态和建筑布局方面的影响也是显而易见的。例如，北方村落多舒展分散，是为了获得更多的有限资源和日照；南方村落多紧凑密集，是因为土地珍贵和避开强烈的日晒。另外，人们最初聚族而居，出现以血缘性为主要构成特征的村落，当人口发展超过一定的规模后，会出现分裂成相邻几个村庄的现象，也会出现外族迁移或其他原因形成的杂姓村落，这时地缘性成为村落的主要特征。在相同的村庙信仰

[一] [美] 阿摩斯·拉普卜特：《文化特性与建筑设计》[M]，中国建筑工业出版社，2004年版，第73页。

[二] 陈志华：《村落》[M]，生活·读书·新知三联书店，2008年版，第2页。

133

影响下形成的祭祀圈范围内，人们通过祭祀共同的"地方神"而产生区域协作关系，这时"神缘性"发挥作用，使得祭祀圈范围内的村落具有相同或相似的文化特征。例如佳县木头峪村落是一个杂姓村落，包括张、曹、苗三种姓氏。村落内部有三姓祠堂，可见是聚落内部为加强不同姓氏之间的团结和联系而设的共同祭祀场所。在木头峪村西南方向有相邻的两座村落，张家元村和张家畔村，是由木头峪村的张姓一族分划出去独立成村的单姓血缘村落，因此此村落的选址上都与原有的村落保持了邻近的空间关系。为加强这种血缘性村落之间的交流与团结，在三座村落的中心位置上选址建立了共同祭祀的场所"归云寺"——一座佛教寺院。人们通过每年一度的集体性仪式活动——庙会活动，巩固了同宗同族的血缘关系，进行了物资与感情的交流，维持了族群之间的联系，整肃了村庄内部及村庄之间的社会秩序（图1）。

其次，村落主要的经济活动类型也影响着村落主要文化特征的形成。在农耕时代，人们靠山吃山、靠水吃水，获取自然资源的种类和方式取决于生存环境的主要特征。随着社会的发展和生活的需求，还会衍生出一些其他的生计方式，与主要的经济活动一起构成了多种多样的经济模式。例如，在陕北地区有以粮食耕作为主，传统经济作物——红枣种植为辅的纯农业村；也有以传统经济作物种植为主，兼营手工业、养殖业的经济型村落；更有以单一新型经济活动——蔬菜大棚种植和运输为主的纯经济型村落。这些经济活动的区别在一定程度上影响着建筑

图1 木头峪村与相邻村落位置关系

环境的主要特征。

乡土文化背景的最初形成取决于上述两种因素，但反过来，在长期村落自然演变的过程中，上述因素又对乡村生活的多个层面有着重要的影响和制约，尤其对传统建筑环境的形成与发展起着关键的作用，因而也影响到村落类型的形成，或者部分主要特征的构成。例如，受到"耕读传家"思想的影响，许多村落保持着一边躬耕，一边读书的传统，村落东南的高地上一般都有着"魁星楼"，或于村庙中供奉着"文昌君"（图2）。当然这其中更蕴藏着"朝为田舍郎，暮登天子堂"的仕途理想。例如在陕北佳县的木头峪村落中，村落布局方正严整，窑洞建筑围合形成四合院，等级差别明显，几乎没有农业耕作活动的痕迹，历史上称作"文人

村"、"地主村"。这些明显不同于区域范围内其他村落的文化特征，就是受到了村落特殊的社会文化背景的影响。

（二）乡村传统建筑环境文化特征体系的构成

乡村传统建筑中的文化特征可以分为以下几方面进行描述与分析

图2 木头峪村落中心的文昌庙

1. 与居住活动相关的建筑文化特征

主要包括聚落整体文化特征（村落的选址特征、村落的类型特征、整体布局的形态特征）、居住建筑与院落的文化特征（建筑空间形制特征、建筑用材及构造特征、建筑造型特征）、半固定及非固定特征因素（建筑室内外装饰细部特征、生活用家具及器具的特征、空间使用特征、居住环境意义的表达特征）等。

2. 与生产活动相关的建筑文化特征

主要包括住宅的选址与农业活动的关系、农业活动场景特征、农用工具使用及农产品储存空间的形态特征、家畜饲养空间的形态特征、其他经济活动的空间的形态特征等（见后页表）。

3. 与祭祀礼俗相关的建筑文化特征

包括祭祀礼俗进行的重要场所——宗祠及村庙的主要形态特征、祠堂建筑及村庙建筑在村落中的位置特征、祭祀仪式中体现出来的相应场景文化特征等。

4. 与乡土文化活动相关的建筑文化特征

乡土文化活动进行的传统建筑环境类型特征、场所结构特征、建筑环境装饰特征、环境选择因素和适应性特征等。

5. 与村落内部及村落间交往活动相关的建筑环境文化特征

交往活动空间类型特征、交往活动进行的环境随机性与固定性特征、交往活动进行的场所构成特征等。

此外，还包括乡村传统建筑环境文化特征主题性问题研究：将主题性问题的研究和具体案例分析相结合，总结出每种主题性问题相对应的文

135

伍·历史村镇

陕北乡村生产建筑环境文化特征表

	位置特征因素	功能空间特征因素	形式特征因素
农耕场所	旱作农业、黄土梁峁顶部或底部较平坦处、日照充足，距水源、住宅20～30分钟耕作半径。其中最佳的耕地是冲沟沟底的坝地（图3）——积淤泥土质肥沃、方便水浇，坡度陡、离水源远的是旱地，耕作艰难收成不稳定	黄土高原地形多为支离破碎，因此耕地分散、不规矩、不完整，且依据地形形成，耕作困难，多为传统耕作方式——畜力加人力，难以实行机械化耕作、集约化生产	平坦地形面积少，多为坡地或开垦的梯田，"退耕还林"使得陕北丘陵沟壑区25°以上的坡耕地将要退耕，坡地适宜经济作物——枣树、果树的种植
储存空间	主要居住空间外围，例如侧窑、尽端窑、专门储物用的崖窑、临时放置工具的浅窑（图4）、院落周边的玉米范子等（图5）	崖窑依据存储粮食和农用工具的特点，分为上层——透气干燥、下层方便存取，中间用柳条编制的搁架隔开（图6）	是适应地形、因地制宜的产物，因此大小形式各异，体量较主要居住空间小，柳笆庵储物窑为圆形，是游牧文化的影响（图7）
家畜饲养空间	院落空间外围、例如猪圈、羊圈、牛马棚、鸡窝、狗舍等，沿院墙砌筑，与厕所相结合，方便利用粪肥	砖石、夯土墙约高1.3米，方便饲喂观察，空间大小不等，根据牲畜数量、大小、习性设置（图8）	四周围合，顶部半侧遮盖，可避雨可采光，分食槽、水槽、大小食槽等（图9）
磨盘、碾子使用场所	院落一角空间较宽敞处，习俗讲究位于院落东侧，也有位于几户院落之间的公共场所，要求僻静（拉磨的牲畜不容易受惊吓）、避风（保护碾磨粮食受风沙）	粮食放置空间、碾子、磨盘空间、周围石砌环形道路空间（牲畜活动空间）、人工操作空间（图10）	建筑、院墙、植物等的两面或三面半围合空间，圆形的碾子、磨盘、台面、推杆。戴眼罩、笼口的拉磨牲畜（最好是毛驴，性情温和、好指挥）
手工作坊空间	小型作坊大都与居住空间相结合，或紧邻居住空间，规模大些的多利用村落公共空间、或专为作坊空间，将窑洞院落整体加以改造	空间功能的组织多依据产品的工艺流程需要而设，也是对原有窑洞空间、院落的空间的利用（图11）	建筑形式大都保留原有外观，以居住建筑形态为主，通过半固定特征因素、非固定特征因素以识别

图3　米脂县杨家沟村筑坝造田　　图4　放置工具的浅窑　　图5　清涧县韩家硷村玉米笆子

图6　储物崖窑　　图7　老卯集村储物的柳笆庵子　　图8　位于院墙外的羊圈

图9　砖砌骡马喂食的食棚　　图10　院落一角的碾子及周围环境　　图11　利用窑洞室内空间造纸

化特征体系。这些内容是对共性文化特征体系的深入探索和必要补充。第
一、乡村传统建筑环境中经济活动特征的体现：主要是对乡村的特色经
济活动特征在传统建筑环境中的体现做具体研究。可以选取特色经济作
物种植的环境特征研究为例，也可以选取传统经济活动的主体在当代城
镇化背景下的转型为例；第二、乡村传统庙宇建筑环境中村庙信仰特征
的体现：通过对乡村传统庙宇建筑与庙会活动的实例分析，主要包括村

庙信仰、村庙建筑、庙会活动等方面的调查研究，阐明乡村传统建筑环境中村庙信仰、村庙建筑、庙会活动三者间相互影响相互依存的紧密关系；第三、乡村传统建筑环境中人文特征的体现与传承：选取传统聚落中的村落形态、空间构成、居住空间、礼制空间、祭祀空间等方面为研究对象，分析了传统人居环境中人文结构及文化意义在村落空间构成中的具体体现及社会功能，阐明特定时期礼制文化和民间信仰对于乡村日常生活空间和精神生活空间的濡染和重要意义。

（三）农村城镇化背景下文化特征的发展动态研究

农村城镇化是人类文明进步的大趋势，是世界发达国家农业现代化的必然选择，也是发展中国家由农业国转变为工业国的必由之路。2010年中央经济工作会议、中央农村工作会议和中央1号文件都指出，要积极稳妥地推动城镇化，十八大更是强调了城镇现代化和农村城镇化的重要性和必要性。然而城镇的快速发展，人员物资的流通与文化的交流使得部分地区地域性文化特征正疾速衰微乃至消失。文化多样性所面临的威胁使我们反思科学与文化发展平衡的重要性。在农村城镇化的建设过程中我们应该充分重视具有地域性文化特征的传统建筑环境的多方面可持续发展的适应性，包括生态适应性、社会适应性、文化适应性等，并且有效保护农村原有的和谐的生态文明和文化环境。

农村城镇化必然引发传统聚落发展变异，这种变迁是一个社会诸因素之间相互作用的过程。"乡土社会中一系列变迁因素都会对聚落产生不同程度的影响，导致聚落整体环境的变迁。乡土社会变迁带动聚居模式的变迁，促使乡村居民的生活方式由传统走向现代。作为生活方式的外化，建筑和聚落必然随着社会变迁而改变"[一]。现代文明的影响显然也已经扩散到中国大多乡村传统聚落中，人们的生活方式、传统观念、风俗习惯以及居住方式等已经呈现出现代文明浸染下的种种痕迹。例如，陕北地区的在某些物资流通线路上的村庄已经看不到传统聚落的形态特征，传统的生活方式已经全然为新的内容所取代；还有一些传统村落受到社会经济结构的变化，虽然保留了部分传统聚落的文化特征，但村落的整体形态遭到了分裂和破坏，失去了原有的整体性和有机性；甚至由于有些地区社会变迁带来人口的迁移和锐减，村落建筑环境遭到遗弃而致颓败。因此应在充分掌握建筑文化特征受到社会环境、文化传承与交流的影响的基础上，重点研究城镇化带来的变异因素，辨明乡村传统建筑环境文化特征在时代背景下的生存策略与发展方向。

农村城镇化背景下还应主要研究现代化技术因素如何与传统建筑环境文化特征体系相互结合的问题。城镇现代化建设层面主要包括对基础设施、公共服务设施、居住建筑环境等运用现代化技术手段建立并完善的内容，还需要具体分析现代化因素介入的层面以及介入的方式，分析乡村传统建筑环境中文化特征体系可持续发展的适应性优势，通过确定具体的指导性原则，使得有价值的文化特征在城镇化进程中得到有效传承。

三 结 语

本文主要讨论了乡村传统建筑环境文化特征体系研究的相关问题，并形成以下结论：

第一，村落的自然地理环境和社会结构、主要的经济活动类型影响其传统建筑环境主要文化特征的形成，乡土文化背景最初的形成取决于上述因素，但反过来在长期村落自然演变的过程中又对乡村生活的多个层面有着重要的影响和制约，尤其对传统建筑环境文化特征的形成与发展起着关键的作用。

第二，在农村城镇化的建设过程中，我们应该充分重视具有地域性文化特征的传统建筑环境的多方面可持续发展的适应性优势，包括生态适应性、社会适应性、文化适应性等，并且有效保护和发展农村原有和谐的生态文明和文化环境。

第三，有效整合"地域性传统建筑文化特征体系"与"城镇化现代发展因素"，为形成农村的"基于文化特性传承的地域性城镇化建设模式"做基础性研究。

[一] 李晓峰：《乡土建筑——跨学科研究理论与方法》[M]，中国建筑工业出版社，2005 年版，第 51 页。

参考文献：

[一]［美］阿摩斯·拉普卜特：《文化特性与建筑设计》[M]，中国建筑工业出版社，2004 年版。

[二] 李晓峰：《乡土建筑——跨学科研究理论与方法》[M]，中国建筑工业出版社，2005 年版。

[三] 常青：《建筑学的人类学视野》[J]，《建筑师》，2008 年版。

[四] 陈志华：《村落》[M]，生活·读书·新知三联书店，2008 年版。

[五] 陆元鼎、杨新平：《乡土建筑遗产的研究与保护》[M]，同济大学出版社，2008 年版。

[六] 榆林地区地方志指导小组：《榆林地区志》[M]，西北大学出版社，1994 年版。

[七] 杨豪中、韩怡：《陕北地区乡土聚落环境中的文化特征研究与保护策略——中国风景园林学会 2010 年会论文集（中文版）》[M]，中国建筑工业出版社，2010 年 5 月版。

【日本石造物文化的分期与宁波】

（日本における石造物文化の画期と寧波）

佐藤亚圣·元兴寺文物研究所

山川 均·大和郡山市教育委员会

摘 要：日本的石造物文化的分期是在13世纪。这一时期出现了起源于中国的新式石造物。其中之一的宝箧印塔，源自于福建省泉州周边的石造阿育王塔。不过，其形状和日本现存的塔形有很大差异。由此可知，仅有石造等形象传播到了日本。

与此相对，日本无缝塔起源于浙江省宁波市，其形状与中国的无缝塔形状完全相同，可知其直接受到宁波的影响。日本残存的13世纪石造物铭文、文献记录中，有南宋时期宁波石刻工匠东渡日本的记载，且其作品至今仍有存世。当时的宁波具有水平相当高的石造文化。笔者认为这些在南宋时期从宁波传来的影响并促进了日本石造文化的发展。

此外，被称为"矢割技法"的采石技术，也是促进日本石造物增多的原因之一。日本初期的矢割技法与宁波周边地区的技法完全相同也得到了确认。可见，不仅石造物的形状，就连采石技术的革新也起源于宁波。

141

要 旨：日本の石造物文化の画期は13世紀である。この時期には中国に起源を持つ新しい石造物が出現する。そのうちの一つである宝篋印塔は、中国福建省泉州周辺に存在する石造阿育王塔に起源を持つが、その形状は大きく異なり、石造等のイメージのみの伝播であった。これに対し、浙江省寧波に起源を持つ無縫塔は中国そのものの形状を持ち、寧波の影響は直接的なものであった。日本に残る13世紀の石造物の銘文や、文献記録からは南宋代の寧波から石工が渡来したことが記され、彼らの作品も残存する。当時寧波では非常に高度な石造文化が展開しており、こうした南宋代の寧波からの影響が日本における石造文化の展開を促したと考えられる。

さらに、日本における石造物の増加を促したのは「矢割技法」と呼ばれる採石技法であるが、日本における初期の矢割技法と全く同じ技法が寧波周辺で確認されている。石造物の形状だけでなく、採石技術の革新も寧波を起源としたことが明らかになった。

一　日本における石造物の画期

　古来日本は「木の文化」とされ、西洋の「石の文化」と対置されてきた。しかし6世紀末以降、建物の礎石や基壇石、塔婆などには石が使用され、限定的ではあるが石造文化がたしかに存在していた（図1）。

図1　日本的古代石造物

　7世紀〜12世紀までは石材の使用量は少なく、使用された石材も大半が軟質の凝灰岩であった。13世紀になると塔婆を中心に石材の使用量が爆発的に増加する。利用される石材の種類をみると、それまでの軟質凝灰岩が減少し、硬質の安山岩、花崗岩が大量に使用されるようになる（図2）。こうした石造物には①層塔、②五輪塔、③板碑、④宝篋印塔、⑤無縫塔などがある（図3）。このうち①〜③は日本独自の塔婆で、12世紀から存在しているが、13世紀になると数が増加する。これに対し、④、⑤は13世紀に突然成立する石塔である。

二　宝篋印塔の成立と福建省泉州

　13世紀に突然出現する石造物として宝篋印塔と無縫塔があげられる。まず宝篋印塔について述べる。

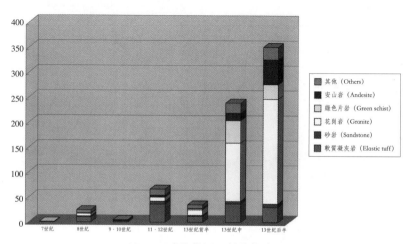

図2　石造物使用石料的推移

宝篋印塔は『宝篋印陀羅尼』を納めた塔とされる。日本最古の宝篋
印塔は京都栂ノ尾高山寺にあるもので、1232年に亡くなった高僧明恵の
墓塔とされている（図4）。また、これとほぼ同時期のものとして京都北
村美術館所蔵旧妙心寺宝篋印塔がある（図5）。これら宝篋印塔の起源は
これまで中国五代の呉越国王銭弘淑が製作した銅製阿育王塔（図6）にあ
るとされてきた。しかし旧妙心寺塔にある隅飾りは二区画に分かれてお
り、また塔身部は銅製塔にみられる本生譚ではなく、佛坐像である。ま
た中国五代の金属製阿育王塔には京都高山寺のようなシンプルな塔はな
い。最大の問題は金属製阿育王塔が10世紀に限定されるのに対し、日本
の石造宝篋印塔は13世紀にはじめてつくられる点である。この時間差を

①層塔　②五輪塔　③板碑　④宝篋印塔　⑤无縫塔

図3　日本的石造物

図4　高山寺宝篋印塔　　図5　北村美术馆宝篋印塔　　図6　铜制阿育王塔

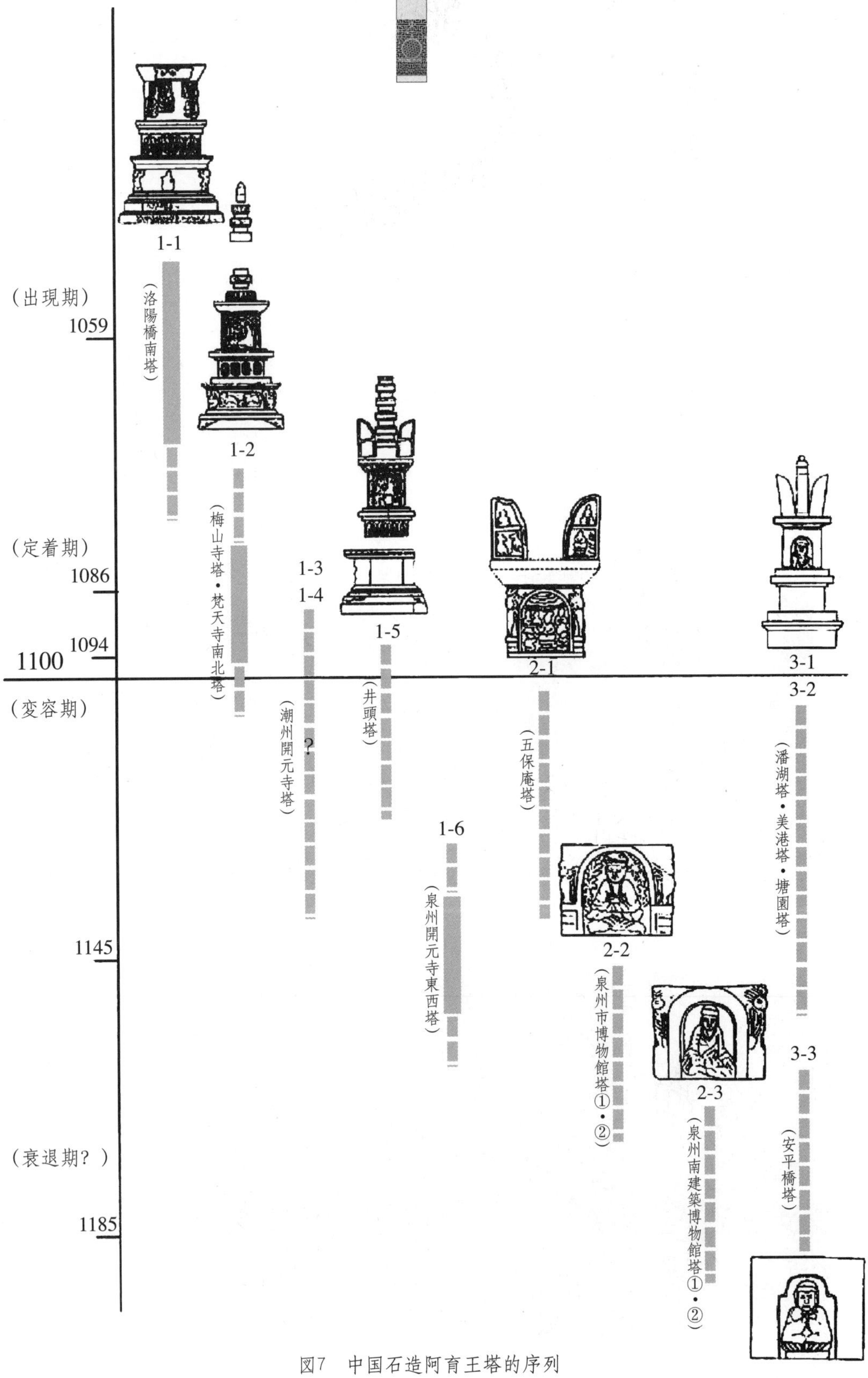

（出現期）
1059

（定着期）
1086
1100 1094

144

（変容期）

1145

（衰退期？）

1185

1-1

（洛陽橋南塔）

1-2

（梅山寺塔・梵天寺南北塔）

1-3
1-4

（潮州開元寺塔）

?

1-5

（井頭塔）

1-6

（泉州開元寺東西塔）

2-1

（五保庵塔）

2-2

（泉州市博物館塔①・②）

2-3

（泉州南建築博物館塔①・②）

3-1
3-2

（潘湖塔・美港塔・塘園塔）

3-3

（安平橋塔）

图7　中国石造阿育王塔的序列

従来の説では説明できなかった。

　近年中国福建省泉州を中心として、多くの石造阿育王塔（宝篋印塔）が存在することが知られるようになった。筆者たちは同済大学路秉杰教授の協力のもとこれを調査し、その編年を明らかにした（図7）。その結果、①中国福建省泉州の石造阿育王塔は1059年に作られた泉州洛陽橋塔を最古として、11～12世紀に集中的に建てられること、②12世紀には塔身に佛坐像を配して、隅飾りを二区画に分けるものが出現すること、③12世紀には文様の少ない簡素なものが出現することが明らかになった（図8）。このことから、日本の石造宝篋印塔は中国福建省泉州周辺で発達した石造宝篋印塔の影響で成立した可能性が高いと言える。しかし、日本の宝篋印塔の屋根上の段型が中国の阿育王塔にはみられないなど、両者の差は大きく、日本に直接中国から人間が渡来して宝篋印塔を製作した痕跡は見られない。日本における石造宝篋印塔の成立は福建省に来た日本人が持ち帰ったイメージに起源を持つと考えられる。そうした意味では福建省と日本の関係は間接的なものであったと言えるだろう。

図8　簡単朴素型阿育王塔
（泉州市藩湖鎮）

145

三　浙江省寧波との直接的関係

　13世紀に出現する石塔として無縫塔がある。日本における最古の無縫塔は京都泉涌寺を開いた俊芿の供養塔（開山塔）である（図9）。京都泉涌寺開山の俊芿は1199年に入宋、四明山景福寺など寧波周辺で12年間修業したのち、帰国後本格的な宋風寺院である泉涌寺を京都の地に開き、1227年に入寂した。この開山塔の形態は塔身、蓮弁、雲形座など細部意匠に至るまで宋風のものであり、それまでの日本に系譜を見ない。俊芿とその弟子たちが修行した浙江省寧波周辺では多数の無縫塔が存在しており、泉涌寺開山塔はこうした寧波周辺の無縫塔をモデルとして造られた可能性が高い。

図9　京都泉湧寺开山塔（日本）

図10　奈良東大寺石獅子（日本）　　　図11　大藏寺層塔（日本）　　　図12　般若寺笠塔婆（日本）

　　ところで近年泉涌寺無縫塔の石材は日本産である可能性が高いという鑑定結果が出された。とすればこの塔は中国人石工が日本で製作した可能性が高い。では日本における中国人石工の動向はどういうものであったのだろうか。1180年12月28日、内乱により東大寺が焼失する。『東大寺造立供養記』からはこの東大寺の復興にあたって、東大寺中門石獅子を、「宋人字六郎等四人」が作ったとされる。この獅子は現在も東大寺南大門に存在し、その作風が中国風であることが広く知られている（図10）。奈良県宇陀市大藏寺層塔（1240年）（図11）には「大唐銘州伊行末」と記載されているほか、奈良市般若寺笠塔婆（図12）には「先考宋人伊行末者異朝明州住人也」と記載され、伊行末と名乗った寧波出身の石工が東大寺を中心とした奈良で活躍したことが明らかになっている。彼らの出身地である寧波周辺には、東銭石刻にみられるような非常に高度な石造物文化が展開しており（図13）、彼らの渡来により新形式の石塔や新しい技術が日本に導入されたと考えられる。無縫塔の製作者もこうした寧波出身の石工であった可能性がある。

　　このように間接的影響を与えた福建省泉州にくらべて、浙江省寧波の日本への影響

図13　东钱湖墓前石刻
（宁波市）

は非常に直接的なものであったといえよう。

四　石造物の増加と技術革新

　図2からわかるように、日本においては、13世紀になるとそれまで使用されていた軟質凝灰岩の使用が減少し、花崗岩に代表される硬質石材を大量に利用するようになる。この背景として、採石技術の変化があげられ

図14　柔软凝灰岩开采方法（日本大阪）

図15　花岗岩开采方法（日本神户）

図16　日本的分割穴（額安寺宝篋印塔）

図17　斯里兰卡的分割穴

図18　韩国的分割穴

る。12世紀以前の軟質凝灰岩の採掘は、岩盤から石を「切り出す」方法が使用された（図14）。これには大量の労働力の動員が必要であり、大規模な資本が必要だった。これはつまり石材が高価であったことを意味する。

　これに対し、花崗岩や安山岩といった硬質石材は「矢」を用いて石を「割採る」方法が用いられる（図15）。この方法であれば大規模な資本は必要なく、少人数で多数の石材を確保できる。これにより石材の値段は格段に安価になったことが想定できる。

　こうした石材利用の変化をもたらした新しい技術である矢割技法は13世紀初頭に突如として出現する。矢割技法はインドや中国・韓国では古代から使用されていた技法であることから、日本の矢割技法は13世紀に海外から輸入されたものであったと考えられる。各国の矢穴を比較すると、日本の13世紀の矢穴は、矢穴口の長さが10cm前後で、底部形状が丸いが（図16）、スリランカでは細丸形（図17）、韓国では三角形である（図18）。もっとも形状が近似するのが中国である。

　13世紀の日本の矢穴と中国に矢穴を比較すると福建省のものは断

図19　浙江省的分割穴（奉化市广济桥）

図20　福建省的分割穴（泉州市天后官）

148
面「V」字形を呈し、幅に対して深さが深い
のに対し（図20）、浙江省寧波周辺のもの
は断面形態、大きさすべてにおいて日本の
ものと同じである（図19）。このことから
日本における石割技術の画期となった矢割
技法は、中国浙江省寧波周辺より導入され
た可能性が高い。

　このように寧波からの石工の渡来はそ
の後の日本における石造物文化に質・量と
もに大きな変化を促したということが指摘
できるのである。

五　まとめ

　13世紀の日本における石造物文化の画
期は、中国宋代における石造文化興隆の延
長にあると位置づけられる。なかでも南宋
代寧波の日本への影響は、新形式石造物の
導入にとどまらず、石材加工技術の革新も
含めた直接的かつ重大なものであった。今
後も寧波周辺における石造物の実態調査が
望まれる。

【探析历史街区中的文化特征及文脉传承】

——以南锣鼓巷为例

高　阳　万家栋·北京建筑大学建筑与城市规划学院

摘　要：文化遗产是一种无言的历史记忆，因其无言，我们往往称其为历史的载体，而实质上，文化遗产本身就是历史。城市的历史记忆片段是城市个性形成的重要构成因素，而历史地段则盛载着与城市的前世今生相关的历史记忆。作为建筑遗产的历史街区，既有物质文化遗产的具象特征，又有非物质文化遗产的意象内涵，就像一本会说话的书，向来来往往的过客讲述着一个城市乃至一个国家不同发展时期的历史文化。

关键词：文化遗产　文脉　历史街区　南锣鼓巷

一　引言

如今，对文物建筑、历史街区、历史名城的保护已经在全球范围内达成了比较系统的保护共识[一]，并且通过几十年来的共同努力，为人类建筑文化遗产的保护与传承打下了坚实的基础。然而就我国而言，伴随着社会经济的飞速发展，城市的不断扩张，大量具有历史文化意义的建筑、街区遭到了毁灭性的破坏，另外还有一些很具历史价值的建筑街区被不当开发利用，造成了历史资源不可弥补的损失……从客观上讲，这是因为城市"摊大饼"式发展带来的弊端：城市需要发展空间，而有些人认为的阻碍当下社会经济发展的历史街区，则只有被消灭的命运；从主观上讲，造成此象的深层次原因是那些破坏者们缺乏对自身传统文化的正确认知以及尊重。

"活在当下"的内涵不该被曲解成"一切以当下的利益为重"，而是要通过我们"当下"有意义的活动来造就更美好的未来。只有从更宏观的社会文化哲学角度去审视历史街区的发展，才能更好地处理建筑文化遗存与当下社会发展的矛盾。本文以北京南锣鼓巷历史街区为例，试图探求隐匿于其中不同时期的文化特征及文脉传承，在"文化缺失"的当下，唤醒人们对我国传统文化的正确审视与自信心。

[一] 初次提出"历史街区"的概念，是 1933 年 8 月国际现代建筑学会在雅典通过的《雅典宪章》："对有历史价值的建筑和街区，均应妥为保存，不可加以破坏"。1987 年《华盛顿宪章》还列举了历史街区中应该保护的内容是：地段和街道的格局和空间形式；建筑物和绿化、旷地的空间关系；历史性建筑的内外面貌，包括体量、形式、建筑风格、材料、建筑装饰等地段与周围环境的关系，包括与自然和人工环境的关系；地段的历史功能和作用。我国正式提出历史街区的保护是在 1986 年，国务院在公布第二批国家历史文化名城的文件中指出："对文物古迹比较集中，或能完整地体现出某一历史时期传统风貌和民族地方特色的街区、建筑群、小镇村落等也应予以保护，可根据它们的历史、科学、艺术价值，公布为当地各级历史文化保护区"。这是保护历史遗产的重要举措，从此形成了保护文物古迹、保护历史文化街区、保护历史文化名城的分层次的保护体系。

二 文化、建筑、历史街区

文化是一种社会现象，是人们长期创造形成的产物。同时又是一种历史现象，是社会历史的积淀物。宏观来讲，文化是指某特定区域（小至村落，大至国家，乃至全球范围）的历史、地理、风土人情、传统习俗、生活方式、文学艺术、行为规范、思维方式、价值观念等。建筑与人的生活是息息相关的，从最早期的巢居、穴居到当下的混凝土房屋，无不体现着某一地区、某一时期的人们生活方式的革新转变，从精神层面来说，即人类文化的发展过程。因此可以说，自从有了人类的活动，有了文化的起源，建筑也相应而生。

刘易斯·芒福德曾说："每一时代都在它所创造的建筑上写下它的自传。"[一]从本质上来说，建筑本身就是一种文化。建筑与文化并非简单拼贴性质的物理关系，二者为互相交织，相互依存的共生关系。因此，谈及建筑的时候，就不可避免地要探求其文化内涵，只有当建筑的空间（指物质实体层面）和时间（指文化精神层面）达到和谐统一的状态，才会是吸引人的建筑，那样的建筑组成的群落才会是吸引人的街区。

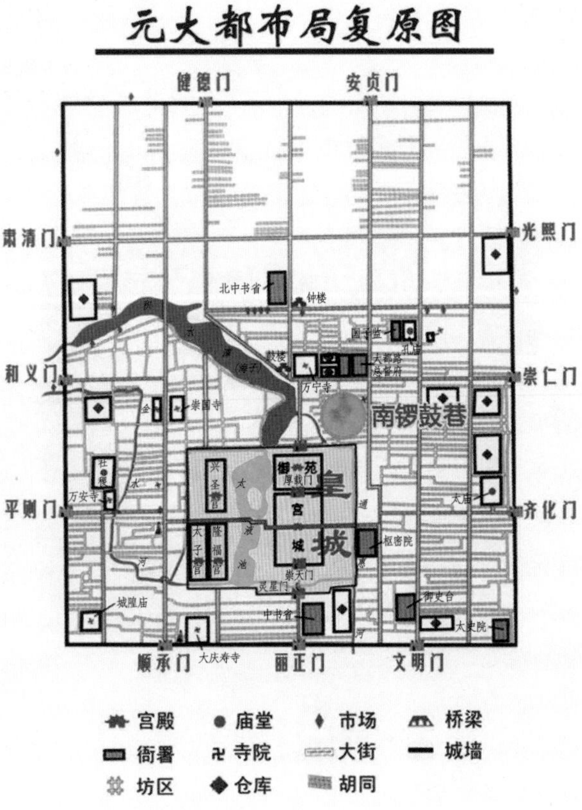

三 南锣鼓巷的历史变迁

（一）历史起源

北京老城中心区的南锣鼓巷，是我国目前唯一完整地保存着元代胡同院落肌理的传统民居区。其历史可追溯到740多年前的元代[二]，元大都建造时参照了成书于春秋时期的《周礼·考工记》中都城建制的思想："匠人营国，方九里，旁三门，国中九经九纬，经涂九轨，左祖右社，面朝后市，市朝一夫"，而南锣鼓巷就是元大都城市格局中"后市"的组成部分之一，在元代就曾是繁华的商业街（图1）。它紧邻中轴线东侧，北起鼓楼东大街，南止地安门东大街，全长786米，宽8米，在这片区域内，以南锣鼓巷为主干，向东西伸出对称的胡同各八条（图2）。较为完整地保存了元大都棋盘式里坊、胡同的基本格局。

图1 南锣鼓巷街区在元大都中的地理位置

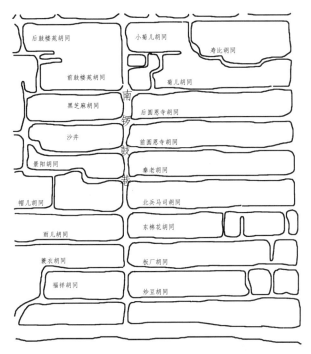

图2　南锣鼓巷绘制地图

　　虽然几经历史变迁，该地区仍然保持了传统胡同结构和大量的传统四合院，是目前北京旧城保存最完整的四合院群和历史文物古迹、名人故居、历史遗存、遗址集中的地区。

　　（二）文化脉络

　　南锣鼓巷历史文化街区毗邻皇城，是难得的风水宝地（图3），历代达官显贵为了进宫和朝拜的都需要居于此，也使此地成为北京最大最集中、保存最完整的一片四合院居住区（见第153页表）。南锣鼓巷历史深厚，是人文荟萃之地。元以前，未曾有详细记载，自明清至民国，此街区人才辈出，曾在南锣鼓巷的胡同四合院进进出出的名人志士数不胜数（图4）。帽儿胡同的7号至13号五路院落，曾是清末大学士文煜的宅院，其中9号院的可园被认为是现今北京最有价值的私家花园。在今南锣鼓巷65号，是明清之际著名人物洪承畴的家祠。炒豆胡同77号，以及板厂胡同30号、32号等处院落，原是清末僧格林沁的王府。帽儿胡同35、37号的旧宅院，原为清末代皇帝溥仪之皇后郭布罗·婉容婚前的住所，是婉容之曾祖父郭布罗·长顺所建。后圆恩寺胡同13号宅院为茅盾故居，是为数不多的对外开

[一] 刘易斯·芒福德（Lewis Mumford，1895～1990年），1895年10月19日出生于美国纽约长岛符拉兴镇。高中毕业后，从1912年至1918年先后就读于纽约城市学院和哥伦比亚大学，并在纽约大学学习过社会研究。1914年开始接受著名生物学家、教育家、城市与区域规划科学的先驱之一帕特里克·格迪斯的启蒙影响。1923年芒福德成为美国区域规划协会的基本会员。1938年发表《城市文化》一书，从此享誉世界。他强调城市规划的主导思想应重视各种人文因素，从而促使欧洲的城市设计重新确定方向。

[二] 参见《东城区规划志》，南锣鼓巷与元大都同时期形成，始建设于公元1267年。

151

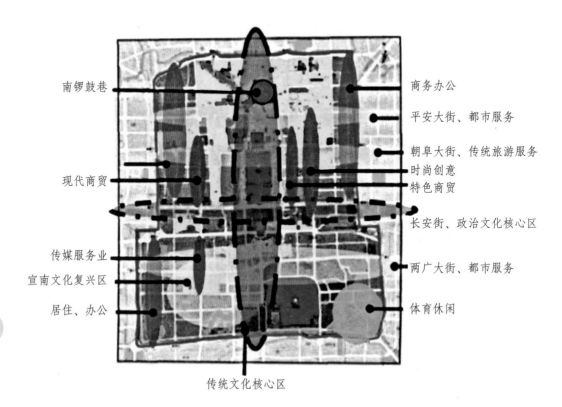

南锣鼓巷

商务办公

平安大街、都市服务

朝阜大街、传统旅游服务

时尚创意

特色商贸

现代商贸

长安街、政治文化核心区

传媒服务业

两广大街、都市服务

宣南文化复兴区

居住、办公

体育休闲

传统文化核心区

图3　南锣鼓巷在北京中轴线历史文化核心带中的位置

放的名人故居。另外中国近代最伟大国画家之一的齐白石先生也曾短住与雨儿胡同（图5～图8）。这些政坛要员与文化名流在质朴而又充满古韵的巷宇中粉墨登场，上演着一幕幕历史大戏，为南锣鼓巷留下了丰厚的历史积淀和文化记忆。南锣鼓巷亦如一位历经沧桑的老人，默默地记载着这里的历史变迁的轨迹，诉说着朝代更迭的故事，延续着文化发展的血脉。

从洪承畴到茅盾，从一国元首到文学巨匠，无论他们曾经沙场秋点兵还是挥笔泼墨，他们曾经都在这片胡同四合院的传统空

间里生活过，都给这里留下来了丰厚的历史文化内涵。这也是当下南锣鼓巷街区得以成为北京的历史文化旅游名片的根基。

综上可知，南锣鼓巷的文脉大致可分为三个节点：即最初于元代建成时，它承载的是"传统礼制文化"；明清至民国，它承载更多的是"历史名人文化"；到了现代，确切地说应该是跨入新世纪以来，它承载的是"当代休闲文化"。实质上，随着时代的前进，它之所以能够不断的承载更新的文化，也是基于之前它所承载的传统文化，以此为根基，不断的吸纳更多新时代的文化，使得

南锣鼓巷国家、市级文物保护单位列表

名　称	历史记载	地　址
国家级文物保护单位：（1处）		
（1）可园	文煜宅	帽儿胡同9号
市级文物保护单位：（11处）		
（2）四合院	婉容花园	帽儿胡同35号
（3）四合院	婉容旧居	帽儿胡同37号
（4）四合院		帽儿胡同5号
（5）四合院		前鼓楼苑胡同7、9号
（6）四合院	奎俊旧宅	黑芝麻胡同13号
（7）四合院	奎俊旧宅	沙井胡同15号
（8）四合院	绮园	秦老胡同35号
（9）拱门砖雕		东棉花胡同15号
（10）僧王府		板厂胡同30、32号
（11）茅盾故居		后圆恩寺胡同13号
（12）四合院	蒋介石行辕	后圆恩寺胡同7号

153

图4　南锣鼓巷街区国家、市级文物保护单位地图（图片标注顺序与上表一致）

图5　茅盾故居—后圆恩寺胡同13号

图6　婉容故居—帽儿胡同35、37号

图7　僧王府—板厂胡同30、32号

图8　齐白石故居—雨儿胡同13号

这个街区的历史得以延续，文化记忆得以连续，文化个性特征更加丰富，作为历史街区的底蕴会更加浓厚。

（三）南锣鼓巷地区利用现状

南锣鼓巷历史文化街区于1990年列入北京市批准的第一批25片历史文化街区，是我国唯一完整保存着元代胡同院落肌理、规模最大、品级最高、资源最丰富的棋盘式传统民居区。保护范围东至交道口南大街，南至地安门东大街，西侧为地安门外大街，北到鼓楼东大街，总面积88.15公顷。其中，南锣鼓巷全长786米，是北京市重点建设的八条特

色商业街之一，2009年被美国《时代》杂志评为亚洲必去的25处风情地之一。南锣鼓巷在近些年被当下的时尚人士和国内外旅游者关注，是因为新世纪伊始，许多酒吧在这条古老的小街上雨后春笋般的出现，不断扩大的规模使得这里成为继三里屯、什刹海之后北京的又一条酒吧及文化创意街。

笔者近期在对南锣鼓巷进行深入调研时，对其商业形态做了一定的统计和研究（图9）。统计结果显示，南锣鼓巷及其地区周边一共有商业店铺158家，个体商户占80%以上，其中78%的店铺开设在南锣鼓巷主街

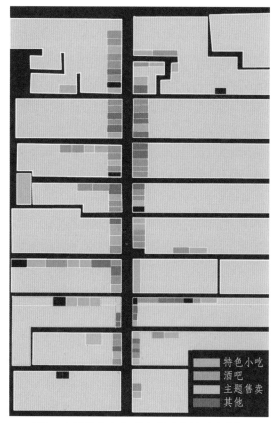

图9 南锣鼓巷商业形态调研成果（自绘）

上。这些商户集中从事如下三类行业：一、销售工艺品、服装饰品，共69户，占44%；二、咖啡厅、酒吧，共36户，占23%；三、餐饮服务，共48户，占30%。其余从事文化艺术交流、住宿等行业。与2009年北京工商局东城分局"南锣鼓巷文化休闲街区发展专题调研组"的调研数据相比，店铺的总数量变化不大，但餐饮服务型店铺的数量增长一倍有余。据调研，其原因应该是南锣鼓巷逐渐发展成为北京旅游知名景点后，游客数量激增，带动了奶茶店、烤肉店、冰激凌店等快速消费的餐饮小吃店发展。

在南锣鼓巷街区的1000多个院落中，保护完好的尚存数百个。这些文物保护单位历史悠久，规格较高，具有重要的建筑和观赏价值，但目前除了茅盾故居外，其他文物保护单位仍未对外开放，又身处人烟稀少的偏巷中，知名度和利用程度都比较低。2010年底，东城区投入2500万元促使主街的业态向两侧16个胡同50米内发展，以期激活整个南锣鼓巷地区，完成其从"胡同"向"集市"的功能转变。然而从现状来看，其结果不尽如人意。按照用地功能中各类别的比例，南锣鼓巷中的居住用地占主导地位，其比例占73%，商业文化用地占6.7%，行政办公用地占3.2%，历史文保单位用地占1.8%，特殊用地占6.1%，其他用地占9%。其中，占据多半比例的居住房屋产权多为私产以及军产，这也造成了整个街区功能置换过程中的不利局面，因此也难以将整个街区统筹规划，更多的是任其自由发展。

有媒体质疑"过度自由"的商业开发会破坏南锣鼓巷地区完整的街区风貌，会对历史建筑产生不可逆的影响，因此对南锣鼓巷的繁荣与发展表示担忧。笔者在调研过程中发现，商家自由发展形成的商业主街，其建筑特色更加突出，传统文化元素被展现的更加淋漓尽致（图10）。人烟稀少的偏巷中，虽然没有商业活动的侵扰，所见之处却是一片破败、萧条的景象。正如南京大学张雷教授曾在中央美院的一次讲座上说道："再美的建筑，如果没有了人的参与，建筑就什么都不是。"对于游览至此的游客来说，休闲购物并不是主要目的，文化氛围才是使这里区别于其他相同模式商业街的关键因素。对于扎根于历史街区的店主们来说，顾客是被这里的文化氛围所吸引来的，而文化就是他

图10 南锣鼓巷街区中保留原始风貌的店铺

们的名片。游客与店主虽然扮演不同社会角色，其渴望与诉求却达到了统一。在这种统一的意识下，历史街区开发中的保护难题似乎找到了合理的解决方式。

在南锣鼓巷历史街区中，政府为了避免文物被破坏带来的永久性损失，谨慎地对其进行了"冷冻式"保存，导致最具历史的文物建筑只能出现在文献资料中，其本来面目无人知晓，淡出人们的视线，被渐渐遗忘。民间自发的商业开发行为，却因为其商业目的，不遗余力地突出历史街区的特色，更好的展现了传统元素的魅力，开创了开发与保护共赢的新局面。

四　规划设计反思

城市中的历史街区是这个城市文脉的承载与延续的地方，为了社会经济发展的需要舍弃其对当下的历史文化意义于不顾是让人痛心的，同时为了保护所谓的"传统建筑文化"而僵化地去保留一个没有时代意义的躯壳也是没有现实意义的，针对于历史街区的保护以及开发过程中关于文化的部分，笔者提出以下设计策略：

（一）尊重"传统文化"但不盲目崇拜

刘易斯·芒福德在其《城市文化》一书中说道："仅仅重复过去的某一特点会形成乏味的将来"。凯文·林奇曾讲到"为了现在及未来的需要而对历史遗迹的变化进行管理并有效地加以利用，胜过对神圣过去的一种僵化的尊重"。

中华民族五千年的文明，造就了博大精深且源远流长的中国传统文化，也创造出了历史悠久的传统建筑文化。对于这样的传统，我们应当予以尊重，并将其延续下去。然而，时代在不断发展，尤其是当今社会狂飙一般的发展速度，对社会资源的需求也比以往更多，因此，要适当的调节传统的保护与当代发展的矛盾，做到传统能为当代所用，当代也能够传承传统的和谐发展状态。

（二）关注"当下文化"而要有所节制

文化本身是一个动态的概念，是一个历史的发展过程，因此，文化既具有地域特征和民族特征，又具有时代特征。在历史性意义上，中国文化既包括源远流长的传统文化，也包括中国文化传统发生剧烈演变的近代文化与现代文化。这样的说法同样适用于我国的建筑文化，因此，正如埃利

157

奥特（T.S Eliot）所言："假若传承传统的唯一形式就是盲目而谨小慎微地鼓手我们前人的习惯和成就，这样的'传统'肯定是应该加以制止的……（传统）的历史感不止使我们能够回味无法重现的往往昔，还应该感知到它的现在"。但也要注意不能让当下泛滥的"建筑文化大杂烩"无休止地冲击传统建筑文化，而要有所节制，就像一些有着很高历史文化价值的街区胡同、文物古迹，一旦遭到破坏，就将是永远的不可挽回的损失。

（三）着眼"未来文化"更要未雨绸缪

凯文·林奇（Kevin Lynch）曾尖锐地指出："成功的历史街区要引入新的因素，通过暗示和对比提升过去的价值，目的在于创造一种与时间长河越来越密不可分的环境，而不是一种永远不变的环境"。

历史街区的文化进程不会在我们这里就停滞，我们要审时度势地分析当下的文化资源，稳固街区里优秀的传统文化，并植入当下精髓的文化片段，让历史的记忆在街区里延续，以求能够为未来的人们带来像我们一样正在感受到的传统文化的意义。

五 结 语

纵观南锣鼓巷近几十年的发展，促使其不断发展壮大的本质性要素就是深深植根于街巷中的历史文化气息，那一条条充满历史沧桑感的胡同，那一座座神秘的四合院落，构成了这个历史文化街区的精神脉络，历史在前进，我们正在经历的今天也即将成为历史而被这个活化石般的街巷所冻结，也会通过它来展现给我们的后代人，唯有将曾经以及现在的历史脉络烙印与其中，才能使其有不断进步的根基，才能不断地去适应另一个新时代的需求。正如理查德·罗杰斯（Richard Rogers)所言："和谐的秩序来源于'不同时代建筑的并置，其中每一个都是自身时代的表达'"。

在越来越需要"文化认同"以及"文化自信"的今天，在大多数人迷茫地执著于没有信仰、被权钱所折磨的时代，一种新时期的"文化复兴"也许即将上演。

参考文献：

[一] 郑孝燮：《留住我国建筑文化的记忆》[M]，中国建筑工业出版社，2007年版。

[二] 李铁生、张恩东：《南锣鼓巷史话》[M]，北京出版社，2010年版。

[三] 王彬：《胡同九章》[M]，东方出版社，2007年版。

[四] 北京大学城市规划设计中心：《北京市东城区南锣鼓巷保护与发展规划（2006～2020年)》[M]，2006年版。

[五] 阮仪三：《城市遗产保护论》[M]，上海科学技术出版社，2005年版。

[六] [英]史蒂文·蒂耶斯德尔、蒂姆·希思，[土]塔内尔·厄奇著，张玫英、董卫译：《城市历史街区的复兴》[M]，中国建筑工业出版社，2006年版。

[七] 秦红岭：《建筑伦理与城市文化》[C]，兵器工业出版社，2009年版。

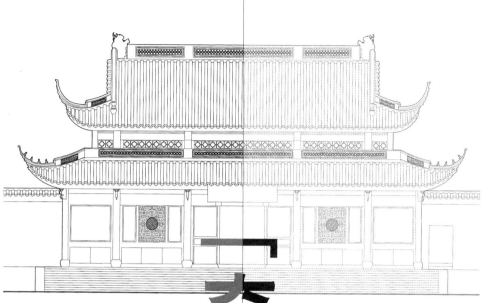

「奇构巧筑」

陆

【唐宋歇山建筑转角做法探析】

姜　铮·清华大学国家遗产中心

　　摘　要：本文的观点主要来源于对既有实物资料的总结和对既有的研究成果的整理，基本结论系对完备歇山建筑样式的演化规律总结与技术特征分析。文章的主要内容包含三方面：首先，基于对实物资料的整理，形成相对全面的时代、地域与类型观念，进一步明确南北方技术谱系的固有差异，在此背景下重新审视歇山建筑样式的发展情况；其次，以唐宋时期歇山建筑角梁转过椽架数与间架对应关系的变化情况作为关注的中心，通过特定的比较来加深对歇山建筑构架与构造样式发展过程的认识；再者，通过对建构特征的分析、认知，将歇山建筑的演化脉络从具体现象层面推进到逻辑层面，并且在成熟歇山做法与早期歇山建筑原型之间建立起可能的技术关联。

　　关键词：歇山转角做法　厦一间　角梁转过两椽　角梁斜长两架

一　引言

（一）既有研究综述

　　歇山是中国古代木构建筑中的重要类型，由于其建筑轮廓庄重且富于变化，既美观又容易与其他屋顶样式取得协调，因而至迟在隋唐以后，即已成为使用最为广泛的官方建筑形式。毋庸置疑，相对于两坡（悬山顶）或四坡（庑殿顶）建筑，歇山建筑样式经历了更加复杂的历史演化过程，由实物与图像资料可以推断，发展初期的歇山建筑曾经存在过大量的原始做法与过渡性样式，这些现象在其后漫长的历史过程中经过逐步选择、演化、融和、统一，最终才成为后来形式与技术相对完备的主流做法（图1）。

　　对于歇山建筑的完备形态，既有之研究提出了两点样式特征作为其评判标准，第一是具有平滑完整的屋面形态，而并非悬山接檐、加披等组合形式，第二是具有由正脊、垂脊、戗脊形成的严格意义的"九脊样式"[一]。由此，歇山建筑的发展，也被宏观的划分为两个历史阶段——雏形创制时

161

[一] 赵春晓：《宋代歇山建筑研究》，西安建筑科技大学硕士论文 [D]，2010 年。

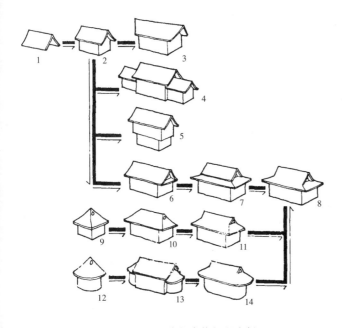

图1　歇山建筑起源分析
示意歇山建筑分别从悬山与庑殿演化而来的不同脉络

图2　洛阳龙门古阳洞西南隅上部屋形龛
示北朝中晚期歇山建筑完备形态的出现

期与完备时期。从历史分期与分型的角度，这是很有意义的研究成果。

由于实物资料的缺乏，对于雏形创制时期歇山建筑的研究仅停留在原型推论阶段，至今尚未对其技术细节有充分的了解，因此真正意义上的歇山建筑技术研究主要是针对于完备时期而言的。满足完备形态评价标准的成熟歇山建筑做法至迟形成于魏晋时期[一]（图2），至北朝末年基本完成了对先前各种过渡样式的统一，这一时期的建筑技术样式，一方面可拿中唐以来留存的建筑实例作为直接参照，另一方面则可寻自敦煌等早期石窟壁画中存留的佛教建筑形象得以补充。由于参考资料相对丰富、认识程度相对深入，因而对于完备时期的歇山建筑技术研究，已经可以推进到宏观流变与技术细节的各个方面。

以上是对歇山建筑研究的简要评述，具体而言，关于歇山建筑研究方向的直接参考论文主要有以下：

1. 王其亨通过对部分原始歇山建筑形象的分析，总结出歇山建筑样式的起源以及几种可能的演化途径[二]；

2. 李灿在《〈营造法式〉中厦两头造出际制度释疑》[三]，以《营造法式》所载的歇山转角制度作为直接研究对象，给出了一些具有启发性的见解；

3. 孟超、刘妍将研究对象限定为晋东南地区的歇山建筑，全面、系统地论述了本区歇山建筑技术发展状况，并作出了一定的地域性特征概括[四]；

4. 西安建筑科技大学赵春晓硕士论文

《宋代歇山建筑研究》[五]从实例总结、《营造法式》制度以及局部构造做法三方面进行研究，梳理了唐宋以来歇山建筑做法的大致面貌与演变趋势，并对《营造法式》的歇山转角制度给出了较为全面、合理的解释，当属现阶段最为系统的专题研究成果；

5. 张十庆在《宁波保国寺大殿勘测分析与基础研究》中通过痕迹分析，复原了保国寺大殿歇山转角的原初做法，并进一步论述了其与江南地区宋元时期大木作技术背景的密切关联，从而丰富了对江南宋元木构建筑地域性特征的整体认识。

（二）研究对象与研究目的

本文是针对歇山建筑样式演化的技术史专题研究，意在加深对完备时期歇山建筑技术特征及其发展规律的认识，选取歇山建筑的转角做法作为主要的研究对象。所谓的转角做法系专指转角造建筑形式（主要是庑殿和歇山）中存在的一个间架概念，通常情况下，转角造建筑需通过合理组织前后檐及两山的开间、步架对应关系，以保证角缝取得斜向45度，而歇山建筑的转角做法的丰富变化之处在于"角梁转过椽架数"这一变化因素的存在。"角梁转过椽数"对歇山建筑的影响可归结为以下几方面：

1. "角梁转过椽数"的不同可以直观反映为山面披檐厦入深度、正脊宽度、梢间间广等立面比例因素的变化，从而对歇山建筑的形象构成直接影响；

2. "角梁转过椽数"的不同，与不同的梁架分布方式相关联，特别是可以决定专门承托出际部分的山花梁架的有无，从而引起歇山建筑出际起点的位置变化；

3. "角梁转过椽数"与角梁构造方式之间的密切关联，如大角梁法与隐角梁法之间的地域差异以及江南地区特有的角梁斜长两架现象，皆可在此背景下展开讨论；

4. 由早期建筑形象中所表达的特殊间架对应关系，一定程度上与特定的建造问题相互关联，从而为歇山建构研究提供了素材。

歇山建筑样式的发展历史所涉及时间跨度较大、地域分布广泛，现象变化繁杂，这是由其演化规律的宏观性所决定的。既有研究已经开始对歇山建筑样式的差异性与时代性进行辨析，但尚未就此形成更加全面的认识。

应当明确指出，针对宏观规律的历史研究往往会由于时间与地域范围的过度扩展而造成重要演化环节以及实证的缺失，这是研究者所必须面对的客观困难，从一定程度上讲，此类研究需要由一定的逻辑来代替实证。

[一] 如洛阳龙门古阳洞屋形龛中展现的北魏后期歇山建筑形象。

[二] 王其亨：《歇山沿革试析——探骊折扎之一》，《古建园林技术》，1991年第01期。

[三] 李灿：《〈营造法式〉中厦两头造出际制度释疑》，《古建园林技术》，2006年第02期。

[四] 刘妍、孟超：《晋东南地区唐至今歇山建筑研究之一、二、三、四》，《古建园林技术》2008年02期～2011年02期。

[五] 赵春晓：《宋代歇山建筑研究》，西安建筑科技大学硕士论文[D]，2010年。

就歇山建筑样式发展规律而言，笔者基于对文献与实物两方面资料的整理认为，在若干典型现象之间存在特定的逻辑，这些现象分别代表了歇山转角做法发展史中的某一阶段或特定地域特征，通过串联与比较，可以由这些片段式的样式特征还原出一条相对完整的脉络。当然，仅以一条线索远还不足以概括历史的全貌，但这种逻辑化的分析或将有助于我们拓展历史研究的思路与方法。

具体而言，本文的研究目标也可以相应的概括为以下三方面：首先，基于对实物资料的整理，形成相对全面的时代、地域与类型观念，进一步明确南北方技术谱系的固有差异，在此背景下重新审视歇山建筑样式的发展情况；其次，以唐宋时期歇山建筑"角梁转过椽架数"与间架对应关系的变化情况作为关注的中心，通过特定的比较来加深对歇山建筑构架与构造样式发展过程的认识；再者，通过对建构特征的分析、认知，将歇山建筑的演化脉络从具体现象层面推进到逻辑层面，并且在成熟歇山做法与早期歇山建筑原型之间建立起可能的技术关联。

二 唐代歇山建筑中的"厦一间"做法

"厦一间"是歇山转角做法研究所要讨论的第一个重要技术现象，其概念来源于早期文献的记述，现存的唐代歇山建筑实物与其他间接图像资料可为其提供样式参考，同时也证明了该技术特征在早期歇山建筑中的广泛存在。

对于歇山建筑"厦一间"现象的论述，

可大致由以下三方面展开。

（一）早期歇山建筑样式的发展背景

经隋唐入宋以来，完备歇山建筑做法虽趋近统一却未就此停顿，很多调整变化仍在显著地发生，其中歇山立面比例的显著改变是其中值得关注的一点：早期歇山建筑，山面披檐厦入部分在立面上所占的比例较大，山花开口小且自檐柱缝显著内收，因而正脊显得较为短促紧拙，这些形象特征与宋金以后的歇山建筑形成了十分鲜明的对比（图3），后期歇山建筑形象的变化主要反映为山面披檐厦入比例显著减小，出际榑梢大致齐于山面檐柱缝，山花面变得较为高峻，正脊长度亦显著增加。此外明清时期官式建筑中出现的较为严格的收山做法，总的来说是在宋金之后歇山建筑常见比例的基础上所形成的制度规定。

歇山建筑样式的发展显然不单单是一个外观比例问题，从技术史研究的视角来观察，这种变化是对歇山转角做法演化、间架对应关系改变乃至具体构造做法变化的直观反映，而"厦一间"概念的产生，正是出于对早期歇山建筑形象的技术解读。

（二）"厦一间"概念的提出与解释

"厦一间"概念首先出现于唐代的制度文献，《唐会要》卷一九在对品官家庙建筑的制度规定中明确了"厦一间"的提法："……二品以上祠四庙。三品祠三庙。三品以上不须爵者四庙。外有始封祖通祠五庙。三品以上不得过九架并厦两头。其三室庙制合造五间。其中三间隔为三室。两头各厦一间。虚之。前后并虚之。每室中西壁三分之

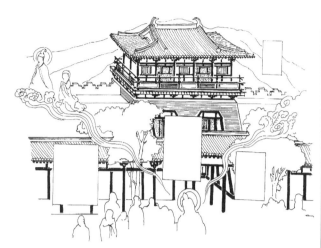

左上、右上：甘肃敦煌莫高窟唐代壁画中的城门及五开间门楼形象[一]
左下：甘肃敦煌莫高窟419窟西顶隋代歇山殿宇形象[二]
右下：四川大足北山石刻中的五开间歇山楼阁

图3　隋唐厦一间歇山建筑形象举例

一近南去地四间开一堵室。以石为之。可容两神主……"

　　该段文字体现出古人对于厦两头（歇山）建筑构成方式的理解，对于今天的技术分析具有重要的参考价值，对于"厦一间"的解释需包含以下几个重要方面。

　　首先，从空间构成的角度分析，文中所描述的五开间歇山殿，是以中央的三开间为主要的祭祀空间（三室），两侧梢间则以"厦一间"方式形成"虚"（开敞回廊式）的辅助空间。

[一]《中国古代建筑史·三国、两晋、南北朝、隋唐、五代建筑卷》，中国建筑工业出版社，2001年12月版。

[二] 孙毅华：《敦煌石窟全集·建筑画卷》，商务印书馆（香港）有限公司，2001年10月版。

其次，"厦一间"具有强烈的动词意味，"厦"既可以指"厦屋"，同时又可以指通过增加山面披檐以形成"厦屋"的建造过程，"厦一间"以相对独立的悬山构架作为核心，通过两梢各增出一间的方式形成山面的披檐，从而产生厦两头（歇山）的建筑形式，是对早期歇山建筑形态生成过程的反映。

第三，需要说明的是，文献中提及的五开间歇山殿宇形制，可以形成周廊式的空间格局，显然属于规模较大的歇山建筑，但其与四架橼屋小型歇山建筑在"厦一间"做法上并无本质区别，厦一间反映了间架构成的拓扑形态，但与开间、进深的规模无直接关联，这一认识对于"厦一间"基本概念的明确至关重要（图4）。

概言之，"厦一间"提法的出现，其关注点并不在于角梁转过橼架数，而在于能否与立面梢间开间保持对等关系，不在于建筑的规模，而在于能否体现悬山建筑通过增出梢间开间与山面披檐从而形成歇山建筑形

态的建构本质。所谓的"厦一间"做法在技术层面应包含两个关键特征，其一在于山面厦屋深度恰等于梢间之广，其二在于歇山出际起点始自正缝梁架[一]，榑梢约在梢间中缝。由此可见，早期四架橼屋小型歇山建筑同样属于典型的"厦一间"做法，甚至可以说，由于四架橼屋构架形式的简单直接，四架橼屋通过增出山面披檐所形成的歇山建筑更能体现"厦一间"的基本内涵。

现存唐代与北宋早期的四架橼屋小型歇山建筑，大多满足于"厦一间"的两个本质特征，其中年代较早且典型者如五台南禅寺大殿、芮城广仁王庙正殿、平顺天台庵、太谷安禅寺等。上述实例一方面说明"厦一间"作为歇山建筑形态发展早期的典型现象具有相当的普遍性，而另一方面也说明"厦一间"做法的相对原始，或许更多是出现在规模较小、形制较为简单的厅堂构架当中。（图5）

（三）"厦一间"所反映了早期歇山建筑的建构特征

"厦一间"做法出现的具体时间虽无从考证，但可确定唐代已是广泛存在。尽管歇山建筑发展远不止一条线索，仅"厦一间"亦不足以概括早期歇山建筑发展的全貌，但从现存实例的样式谱系演化情况来看，这一做法决不失为歇山建筑形象产生的重要源头和演化的重要开端，由"厦一间"做法所形成的歇山构架形态具有显而易见的技术原型意义。"厦一间"做法的两个本质特征，直接体现了悬山与歇山两种建筑形制之间的内在关联，十分符合先前研究者们提出的"悬

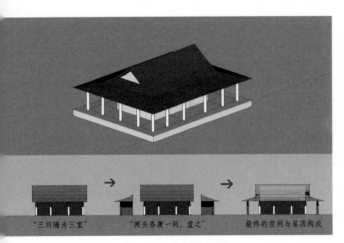

图4　厦一间歇山构成示意图

山建筑通过增筑两山的披檐从而演化产生歇山建筑形式”的推论[二]。

三 “角梁转过两椽”

本文针对歇山转角做法展开讨论的第二个概念为“角梁转过两椽”，该提法出自《营造法式》中对歇山转角做法的载述，即指歇山建筑山面披檐深度达到两架，与前后檐下两架椽形成对应关系的间架分布方式，《营造法式·大木作制度二·阳马》记载：“凡厅堂并厦两头造，则两梢间用角梁转过两椽。亭榭之类转过一椽。今亦用此制为殿阁者，俗谓之曹殿，又曰汉殿，亦曰九脊殿。按《唐六典》及《营缮令》云：王公以下居第并厅厦两头者，此制也。”[三]（图6）

（一）从“厦一间”到“角梁转过两椽”

“角梁转过两椽”等同于说山面披檐深达两架椽，必然意味着较大的收山比例，因此很容易与早期歇山建筑形象产生联系，然而严格比较二者的关系，尚应包含正反两方面的认识：仅就现象而言，歇山转角采用“角梁转过两椽”做法通常即吻合于“厦一间”的两点本质特征[四]，因此可以说两者均是早期歇山建筑建构特征与间架关系的体现；但另一方面，现象的相同不能掩盖概念的差异，从“厦一间”到“角梁转过两椽”的转变体现了间架构成逻辑的变化。“厦一间”与原始歇山建筑的建造过程、形态生成逻辑相关，具有建构意义，而“角梁转过两椽”已将歇山顶作为整体看待，所谈论的是单纯的间架问题；前者关注于山面披檐的厦入深度与梢间间广的对应关系，是一种逻辑简单明确的拓扑对应关系，而后者则将关注点转向相对抽象的“角梁转过椽架数”。“角梁转过两椽”取代“厦一间”概念，在间架模数构成概念与设计意识得以强化的同时，原始的建构意义已近乎瓦解。从“厦一间”到“角梁转过两椽”，体现了歇山建筑间架设计思路的重要转变。

值得注意的是，步架的基本构成具有建构意义，步架拆分与新组合方式的出现，很可能是“角梁转过两椽”产生的重要源头。四架椽屋厦一间之所以值得多加重视，正是因为其代表了歇山构架的最简单形式。而六架、八架椽屋角梁转过两椽，则或多或少可以理解为四架椽屋厦一间歇山建筑规模扩大、步架拆分与重新组合的结果。此之为“角梁转过两椽”与

[一] 本文中提出“正缝梁架”与“山花梁架”作为对应概念，正缝梁架指位于间缝轴线之上，以前后檐柱作为支点的完整梁架，而山花梁架特指为承托山面披檐、增大出际而专门添加的梁架，通常位置在梢间内、搭载于前后丁栿之上。

[二] 王其亨：《歇山沿革试析——探骊折扎之一》，《古建园林技术》，1991年01期。此外关于歇山建筑的建构研究后文将另作展开。

[三]本文中出现对《营造法式》原文的引用，如无特殊说明皆出自《梁思成全集·第七卷》，中国建筑工业出版社，2004年9月版。

[四] 面阔梢间广一架椽或两架椽，在早期歇山建筑中属于常见的间架构成关系，可与角梁转过两椽相对应，而梢间广三架椽以上者，《营造法式》中曾暗示这种可能性的存在，但实例极为少见，所以“角梁转过两椽”可以认为基本等同于“厦一间”。

167

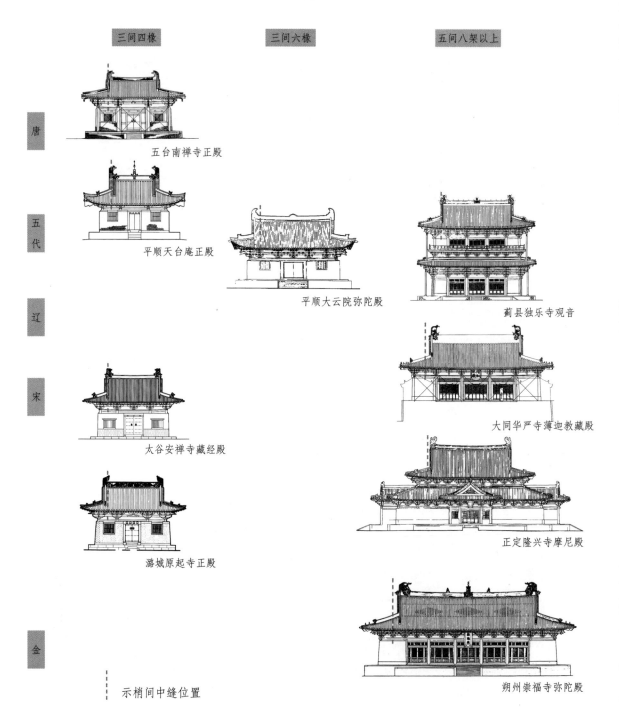

东方建筑遗产

三间四椽　　三间六椽　　五间八架以上

唐　五台南禅寺正殿

五代　平顺天台庵正殿

平顺大云院弥陀殿

蓟县独乐寺观音

辽

宋　太谷安禅寺藏经殿

大同华严寺薄迦教藏殿

潞城原起寺正殿

正定隆兴寺摩尼殿

金

┄┄┄　示梢间中缝位置

朔州崇福寺弥陀殿

图5　北方厦一间与角梁转过两椽重要实例对照图

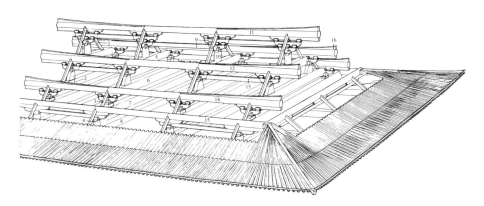

图6　角梁转过两椽示意图

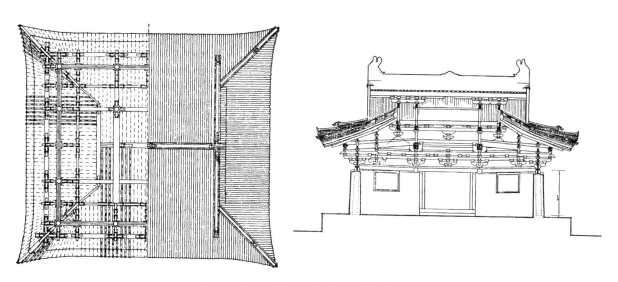

图7　大云院弥陀殿仰视平面与横剖面

"厦一间"逻辑关系的重要方面。

　　山西平顺大云院弥陀殿是现存六架椽屋歇山建筑中采用"角梁转过两椽"的唯一实例，该殿的很多特征对于歇山建筑样式研究都具有重要的过渡意义（图7）。弥陀殿脊步较大而上下平槫步明显偏小，且脊步约略等于下两步架之和，这种架道不匀、且大小步架间具有显著组合关系的现象，恰恰暗示了步架由整而分、由一而二的可能性，从而说明上述步架拆分与组合思路的存在。换句话说，弥陀殿的间架构成，从另一种角度可以理解为是在四架椽屋厦一间的基础上，将檐椽步架一分为二的结果。从现象演化逻辑的角度，建筑的规模、进深需要不断扩展，而步架值却不能无限扩大，那么将原有之步架一分为二，从而获得更大的空间进深（由四架变化为六架或者八架），这不能不说是一种自然而然的思路。而这种步架拆分与组合变化的结果则正是新的间架构成与对位方式的产生。

此外在中国的南方地区与日韩两国，均普遍存在一根椽条长度跨越两步甚至更多步架的情况，这种现象一方面可以解释为是杉木稻作文化区的普遍现象，由常见标准椽材的大致长度所决定的；另一方面这种"一椽多架"的情况亦可反过来证明，"步架"的意义主要在于计数建筑规模与表征建筑等级，其本身仍具有灵活分割与组合的可能性。

（二）地域分布与时代演化

"角梁转过两椽"现象的存在情况，表现为两个相对集中的群体，其一是在北方地区的早期大型歇山建筑当中，严格吻合者不过蓟县独乐寺观音阁、大同下华严寺薄迦教藏殿、正定隆兴寺摩尼殿上檐、朔州崇福寺弥陀殿以及平遥文庙大成殿等；其二则是江南地区较为普遍的方三间歇山厅堂，"角梁转过两椽"现象在江南地区的普遍存在，一定程度上与方三间歇山厅堂构架技术在较长的历史时期内保持稳定的状况有关，实例如宁波保国寺大殿、金华天宁寺大殿以及已毁的苏州甪直保圣寺大殿，皆具有十分近似的整体技术特征，福州华林寺大殿虽不属于典型的方三间厅堂，但与之仍具有相对明显的传承关系，下文将针对江南地区的技术现象另作详细讨论（图5）。

"角梁转过两椽"现象因《营造法式》的载述而成为了一个值得探讨的制度问题，

其与实物之间的广泛关联使之具有了更加宽广的讨论空间，而相对明确的地域分布和有序的历史更替则更进一步使其成为串联技术史研究若干问题的重要线索。自中晚唐至北宋后期约三百年时间是北方地区建筑技术样式变化较为迅速的时期，而南方地区则长期处于相对稳定的发展状态之中。在北方地区积累起显著时代差异的同时，受地理、战争等隔绝因素的影响，南北方建筑技术之间也形成了较为突出的地域差异。"角梁转过两椽"上与"厦一间"存在明显共性，下又可与后期"角梁转过一椽"做法形成对照，从时间上可以串联北方地区歇山转角做法的主要变化；而"角梁转过两椽"与"角梁斜长两架"现象的关联，则使江南方三间歇山厅堂的地域整体技术特征得以凸显。

四 "角梁转过两椽"与"角梁转过一椽"

（一）"角梁转过一椽"取代"角梁转过两椽"的趋势

从现阶段掌握的实物资料来看，北方地区至迟自五代已开始出现六架椽屋角梁转过一椽做法，如建于北汉天会年间的平遥镇国寺万佛殿。这种变化至宋代则更加普遍与稳定。概括地说，"角梁转过两椽"体现了早期歇山转角"厦一间"做法的延续性，而"角梁转过一椽"代替"角梁转过两椽"则显示了宋代以来歇山转角做法演化的宏观趋势。

然而不得不说，宏观趋势简明的背后却是历史现象的纷繁复杂，"角梁转过一椽"与"角梁转过两椽"并不能简单以前者取代后者加以概括。实物方面，直至金代仍有部分大型歇山建筑采用角梁转过两椽，而《营造法式》明确记述"角梁转过两椽"之做法亦与实物之间形成了颇为鲜明的对立，由此可见"角梁转过两椽"做法存在和延续时间之久，与"角梁转过一椽"在相当一段时间内是并存的。

从某种意义上讲，"角梁转过两椽"与"角梁转过一椽"在特定的时段表现为两种类型的并列，间架因素似乎成为"角梁转过两椽"与"角梁转过一椽"现象的分水岭。上文中列举的北方实例皆有一显著共性，即均为五开间、八架椽以上较大规模的官方木构建筑，这一现象似乎说明至少在特定时期内，北方地区存在的"角梁转过两椽"现象与建筑的规模、椽架数存在相互联系，这一点与"厦一间"现象在早期歇山建筑中普遍存在的情况是截然不同的。就逻辑的辩证性而言，四架椽屋无所谓角梁转过一椽，关于角梁转过两椽还是一椽的讨论，仅存在于六架椽以上歇山建筑当中。"角梁转过一椽"是相对于"角梁转过两椽"而言的，其关键在于是否打破厦一间的转角间架对应格局，是否在山面披檐深度缩短的同时还伴随着山花梁架产生与出际起点外推的现象。

"角梁转过两椽"与"角梁转过一椽"，一方面体现了《营造法式》制度与地方做法的对立，另一方面则显示了大型歇山建筑与中小型歇山建筑的差异，二者在等级制度的意义上是一致性，或许这恰是合理解释《营造法式》对技术样式取舍的一种思路。

（二）变化的根由

如上文所强调，歇山转角做法由角梁转过两椽向转过一椽是一种间架关系的调整变化，对于这一现象的理解大致可从两方面着眼：一方面，增长正脊、改变歇山建筑立面的比例关系是歇山间架调整的重要促进因素；再者，角梁转过架数的变化与山花梁架的产生与外推密切相关。

由于角梁转过椽架数的变化，可以直观引起了歇山立面比例的变化，特别是山花推出、正脊增长、建筑的整体形象趋于端正稳重，所以对视觉效果的特殊追求，必然成为角梁转过椽数发生变化的重要促进因素，三间六架的中小型歇山建筑比之大型歇山建筑更先出现"角梁转过一椽"，也可说是因为小型歇山建筑加长正脊的需求更加明显（图8）。

歇山立面比例的变化主要体现在正脊长度的变化，而正脊长度的变化则主要受两方面影响，一为出际制度，一为出际起点的位置。在出际制度相对固定的情况下，出际起点的变化则主要是通过山花梁架的产生与外

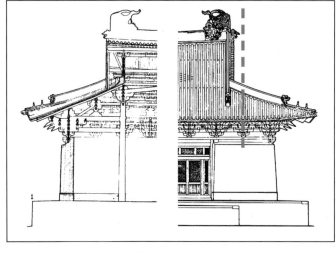

河南登封少林寺初祖庵大殿，示六架椽屋角梁转过一椽

朔州崇福寺弥陀殿梢间，示八架椽屋角梁转过两椽

图8 "角梁转过两椽"与"角梁转过一椽"的比较

推来实现的。山花梁架的产生与外推，有其相对完整的历史演化过程且与歇山建筑角梁转过椽数变化情况密切关联，自唐代以来歇山建筑中即已出现于正缝梁架以外另添承椽枋以承托山面披檐的做法[一]，而枋上另设叉手蜀柱，其性质也逐渐由"枋"演化为"栿"，即所谓系头栿，系头栿与叉手蜀柱组合当可算作完整意义的山花梁架。山花梁架的出现意味着在正缝梁架以外增加了对槫梢的承托点，从而使出际起点具有了进一步向外推出的可能，这一变化在五代时期的大云院弥陀殿中已然出现。

此外，宋代以来，在北方地区的小型建筑中开始出现平面尺度构成趋整的显著趋势，角间取方乃至严格正方形平面都均成为这一阶段强烈的设计追求。但是仅从平面设计出发所考虑的严格的间椽、朵当等对应关系只是设计过程中的理想状态，而实际情况往往会因承椽枋或山花梁架的应用而产生无法避免的尺寸奇零，以南禅寺大殿为代表的"厦一间"做法，逻辑对应关系简单而尺度的构成关系却着实复杂，无法把开间与步架进行严格对应。从技术发展的总体趋势来看，中国古代木构建筑间架设计方法的成熟，其发展方向不在于尺度构成关系的复杂精密，而在于间架的核心部分的简化包容，同时为局部构造做法的调整保留更大程度的灵活性。在梢间角梁两侧的间架对位问题上，现存实例所采用的调整方法变化甚多，而将山花梁架向外推出一架、角梁转过一椽无疑是其中颇为简洁的一种对位方式，角梁转过一椽做法替代角梁转过两椽，避免了设计过程中可能出现的矛盾，从而可以视其为设计方法的简化和进步。

五 "角梁转过两椽"与"角梁斜长两架"

（一）方三间厅堂构架技术背景下的角梁转过两椽现象

如上文所述，南北方木构建筑技术大抵自五代时开始显现出地域性差异并分化为不同的发展脉络，时至宋元，江南地区的方三间厅堂构架技术已发展成为成熟、完整的地域谱系。江南与北方之间木构建筑技术的关联性问题长期以来为学者们所关心，就"角梁转过两椽"这一具体现象而言，两者既有联系又有对立。一方面，"角梁转过两椽"现象的存在与歇山顶的建造方式相对应，能够反映相应的建构信息，因此必然体现了歇山建筑发展的早期共同特征；而另一方面，江南方三间厅堂中的"角梁转过两椽"做法，则体现出更加鲜明的在地化特征（自身独特性，与构架整体特征相关，与北方地区歇山做法存在差异），切不可与北方地区的"角梁转过两椽"现象简单混为一谈。关于江南方三间厅堂歇山转角做法的独特性，可从以下两方面与北方样式形成对照。

1. 立面比例与间架的对应关系

一方面，江南方三间歇山厅堂保留了早期建造传统的遗意，转角间架采用"角梁转过两椽"做法，但另一方面，江南方三间厅堂普遍于正缝梁架以外设置山花梁架，从而将出际起点位置外推至梢间中点，收山位置在山面檐柱缝附近。换句话说，其立面比例却并未忠实反映其"角梁转过两椽"的间架特征，反而与北方常见之六架椽屋角梁转过一椽做法大致相

[一] 在当心间正缝梁架以外另施承椽枋的做法，至少可以追溯到中唐时期的五台南禅寺大殿，且南禅寺在承椽枋之上另施蜀柱、大斗并交手令拱，似乎可以看作是山面梁架的雏形，但需注意南禅寺大殿在增添系头栿的同时并没有增加出际长度，与"厦一间"并不存在矛盾，尚不能确定现状是后世改造的结果抑或是一种相对复杂完善的高规格表现形式。

仿。此二者从单纯的实用意义上讲是一对矛盾现象，山面披檐厦入深度达两步架的同时仍然将山花梁架推出，必然形成较大范围的屋面重叠，显然并不是出于遮蔽风雨或建造空间的实际需求。其所反映的或许恰是样式之传统与发展之间的实际矛盾。

2."角梁转过两椽"与"角梁斜长两架"

通过对现存实例与历史图像资料的整理可见，江南方三间厅堂歇山转角做法的另一重要特征在于其角梁通常斜长两架，并且由"角梁转过两椽"、"角梁斜长两架"与"甩网椽甩过两架"三者共同形成相对稳定的构造样式组合，具体样式与实例的对应情况可见下表。

建筑名称	年代	角梁转过两椽	角梁斜长两架	甩网椽甩过两架	备注
宁波保国寺大殿	宋	是	是	是	现状角梁仅转过一椽，但张十庆在《宁波保国寺大殿勘测分析与基础研究》中以可靠的证据证明其原状同样为"角梁转过两椽"（图9）。
甪直保圣寺大殿	宋	是	是	是	已毁，有历史照片。
金华天宁寺大殿	元	是	是	是	
武义延福寺大殿	元	否	是	是	历次修缮改变了甩网椽排布情况，但历史照片可见其原貌为甩过两架，但由于资料缺失，其原状是否采用"角梁转过两椽"做法已不可知（图10）。
上海真如寺正殿	元	否	是	否	
东山轩辕宫正殿	元~明	否	是	否	

所谓"角梁斜长两架"，系指在江南方三间歇山厅堂当中，转角构造方式采用大角梁法，且大角梁后尾向后延长，跨过下平槫直接搭交于中平槫上，在45度角缝内通达两架之做法；与之相应，近角的甩网椽亦皆长度跨过两步架，放射状排布于整个梢间，从而形成了"甩网椽甩过两架"的特殊做法。以"角梁斜长梁架"为核心的样式组合，由

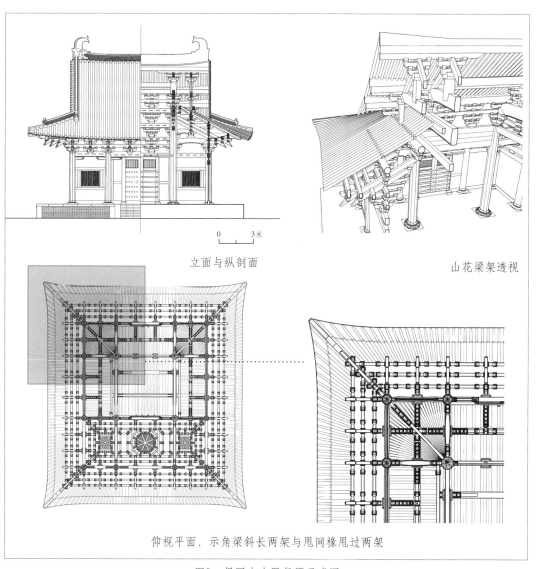

立面与纵剖面

山花梁架透视

0　3米

仰视平面，示角梁斜长两架与甩网椽甩过两架

图9　保国寺大殿复原示意图

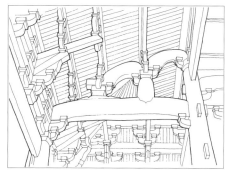

图10　延福寺大殿历史照片[一]

[一] 梁思成：《梁思成全集》
第七卷，中国建筑工业出版
社，2001 年 4 月版，第 130 页，
图 76a、b，此照片大约拍摄于
1934 年。

陆·奇构巧筑

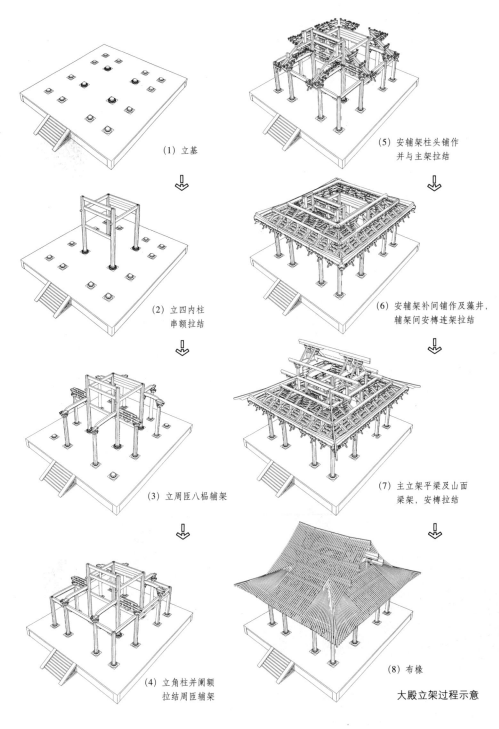

(1) 立基

(2) 立四内柱
串额拉结

(3) 立周匝八槏辅架

(4) 立角柱并阑额
拉结周匝辅架

(5) 安辅架柱头铺作
并与主架拉结

(6) 安辅架补间铺作及藻井，
辅架间安槫连架拉结

(7) 主立架平梁及山面
梁架，安槫拉结

(8) 布椽

大殿立架过程示意

图11　以保国寺大殿为例说明江南方三间厅堂的构架特征与屋面形态[一]

于与构架整体特征存在更加密切的联系，值得做更进一步的技术分析。

（二）"角梁斜长两架"现象的技术分析

仅就单纯的构造意义而言，"角梁斜长两架"是"角梁转过两椽"在江南方三间歇山厅堂中的特化现象，该现象与江南地区角梁构造长期使用大角梁法有关，有助于保持角梁自身的稳定，而与北方地区所采用的隐角梁法区别显著。但就样式的整体性而言，"角梁转过两椽"、"角梁斜长两架"、"甩网椽甩过两架"乃至更多的样式现象，在方三间厅堂中均具有相对稳定的整体关联性。因此本研究认为，对于上述样式现象的技术认知应更多从整体性、地域性和建构性的角度加以分析。所谓的整体性，通常即表现为多数样式现象之间整体关联与较为明确的逻辑指向；所谓地域性，很大程度上包含于整体性当中，在此应当明确指出，技术现象整体性背后的根源是匠作的谱系性，而现象之间明确的逻辑指向性归根结底是体现了建造逻辑的统一；所谓建构性，其本质更多是一种长期保存的技术传统与建造方式，强调建造的过程，是针对于结构本身与建造逻辑的特定表现形式。将多数现象之间的相互关联归结为整体性，从整体性中总结地域性，再由地域性引申出建造传统与建构逻辑，是本研究所持的基本逻辑，也是本文针对"角梁斜长两架"现象所提出的一种解释方式。

关于江南方三间厅堂完整的地域背景与技术谱系特征，既有之研究已得出较为全面的认识，其核心当在于特殊的间架组织方式，可将其特征大略总结如下：以四内柱形成相对独立的核心框架，外围八椸梁架均匀分布于核心框架四面，各以梁尾入柱的方式与四内柱框架形成相互扶持的整体，这种主辅结合由中心向四面发散的构架关系，与方三间厅堂室内空间以及屋面的组织形态保持了高度的一致（图11）。

方三间厅堂所体现出的典型屋面组织形态，可以总结为由一个较小的两坡屋面与周圈增出的披檐上下接续，从而形成相对完整的歇山屋面形态，这恰恰吻合于四内柱框架与外围椸架之间的构成关系。其中尤其值得关注的是，下两步架交圈所形成的屋面部分在形态和构造上显现出来的较为明确的整体性。应当说，这正是方三间厅堂建构特征的逻辑指向之所在，除由"角梁转过两椽"、"角梁斜长两架"以及"甩网椽甩过两架"三者共同组成的方三间歇山厅堂转角做法外，江南方三间厅堂虽用山花梁架，但其承托构件非"系头栿"而是山面的下平槫，与前后檐下平槫相绞形成具有一定整体性的周圈构造，进一步暗示了下两架披檐周圈完整统一的

[一] 东南大学建筑研究所：《宁波保国寺大殿勘测分析与基础研究》，东南大学出版社，2012年12月版。

177

逻辑指向，而金华天宁寺大殿采用完全露明的梁架，不仅是甩网部分，下两架椽均存在"分架不分椽"（下两架椽不断开，而系由一根长椽跨越两架）的情况，更是非常直观地显示了上述逻辑特征的存在。

综上所述，江南地区的"角梁转过两椽"做法依附并且反映了方三间构架整体特征，保留了较为独特的原始建构信息，是方三间厅堂构架技术内涵的重要组成部分，该做法在江南地区的普遍存在，很大程度上亦与方三间厅堂构架技术在较长的历史时期内保持稳定的状况有关。至于江南方三间厅堂构架的建构特征，则可进一步概括为两个方面，一方面其构架形态与特定的搭建过程之间存在必然联系；另一方面其屋面的组织形态中所保留了原始歇山的构成意向，江南方三间厅堂，反映出与法隆寺玉虫厨子、金堂等实例相近似的形式生成逻辑，是与接檐式歇山屋顶形式最为接近的唐宋实例；但必须说明的是，江南方三间厅堂与法隆寺金堂的接檐式屋顶又是有本质区别的，法隆寺金堂的歇山样式生成以殿阁构架技术作为出发点，而江南方三间厅堂首先是以内柱升高的厅堂构架技术作为出发点。江南方三间厅堂的外观样式与内部构架形态两方面高度统一，体现出自身体系的成熟稳定，也是这一独特建构特征得以长久保存的根本原因。

（三）江南方三间歇山厅堂转角做法与《营造法式》制度之间的关系

江南方三间歇山厅堂采用"角梁转过两椽"之做法，与《营造法式》的记载是否有直接关联，对于这一问题的说明也可作为对本节所讨论话题的一个总结：

本文在讨论"角梁转过两椽"做法早期技术渊源的同时，更加强调其在江南方三间厅堂技术谱系中的在地化表现，而方三间厅堂独特的地域属性在《营造法式》中却并没有明确的体现，应当说在没有整体技术背景与相关技术现象作为必要依托的情况下，江南方三间厅堂歇山转角做法的技术内涵也将无从表现；况且仅就构造做法而言，方三间厅堂中的"角梁斜长两架"做法是大角梁法的特殊变化，这一点与《营造法式》所采用的隐角梁法截然不同，而与"角梁斜长两架"相对应的甩网椽排布方式与角梁后尾固定方式，亦未于《营造法式》中得以说明，均应归结为江南厅堂独有的特殊转角构造。

由此可见，仅就歇山转角做法而言，《营造法式》与江南方三间厅堂之间仅存在较为间接的样式近似关系，而无法归结为更加密切、直接的技术关联。

六　南北方歇山建筑的建构原型及其建构逻辑

南北方歇山建筑的发展过程当中，都曾在特定时段出现过"角梁转过两椽"这一现象，但两者因建造技术背景的巨大差异而分化为不同的演化脉络，这种本质性的差异最终成为南北方地域性差异的组成部分。值得关注的是歇山转角做法的南北对立，是特定历史时期内的重要事实，是诸多历史现象背后逻辑的根源。

王其亨将歇山建筑形式生成方式归纳为两条主要途径，其一是四坡顶建筑通过开辟天窗而形成歇山，其二是悬山顶建筑通过屋面组合最终演化为歇山，而由悬山到歇山的演化，则大致是通过两山加披或上下接檐两种方式来实现；值得说明的是，虽然并不能简单将"加披"归结为北方源头或将"接檐"归结为南方源头，但在特定历史时段，这两者确实是以这样一种南北对立的方式而存在的（图1）。

张十庆将中国传统木构架的建构逻辑归结为层叠（殿阁）与连架（厅堂），而连架实际又包含不同的组织方式即所谓北方横向连架与方三间井字连架。悬山通过加披和接檐两种方式形成歇山，在逻辑的建构方式上分别对应于"横向增出"与"四面增出"，而这两种增出方式正对应于厅堂两种连架方式的差异与对立，北方厅堂横向连架对应于横向增出，方三间厅堂井字连架对应于四面增出，换句话说，歇山由悬山建筑演化而来，其增出方式存在差异，而屋顶的增出方式，实际又是以间架的生成与增出方式作为技术基础的。

而更加有趣的是，日本古建筑术语将歇山建筑划归为"錣屋根"与"入母屋"两种形式，二者恰具有十分近似的用语特征——即将动词"名词化"的组词方式从而体现出强烈的建构色彩，表现出古人对于歇山建筑构成逻辑乃至直观建造过程的认知，因此对于我们追溯歇山建筑的源头具有强烈的暗示性。其中"錣屋根"应当反映了接檐所造成的屋面上下错叠，而"入母屋"显然意味着两山加披的方式，二者十分准确的描述了中国本土两种典型歇山建构方式的核心特征，从而在东亚建筑文化圈的整体视野之下的印证了两者的并存与对立。

七 结 语

对规律性的阐释无疑是历史研究的重要目标，也是加深历史认识的有效途径之一。本文的写作寄希望于对歇山转角做法作出系统总结，文中针对歇山转角做法所提出的几个概念"厦一间"、"角梁转过两椽"、"角梁转过一椽"以及"角梁斜长两架"，皆系对一定时段或地域范围内的普遍现象所做的概括总结，文章以逻辑分析的方式将上述独立现象串联成为历史线索，从中体现了笔者对于技术史发展宏观规律的理解。

然而值得说明的是，以宏观历史演化规律作为研究对象，往往难以切实建立在实证的基础之上，这不得不说是研究结论中的缺憾，但另一方面，宏观历史规律不同于具体现象，自有其特殊的表现形式与认知途径，从某种意义上讲，非实证性也是中长时段宏观历史演化规律的共同特征，这一点始终令人困惑，也是笔者不断努力的方向所在。将具体现象与抽象逻辑相结合，是笔者一段时间以来寻求突破的主要途径，真心希望能就研究之方法引发进一步讨论。

文章不揣浅陋、略陈拙见，期冀能抛砖引玉，并就正于大方之家。

参考文献：

[一] 梁思成：《梁思成全集》第七卷，中国建筑工业出版社，2001年4月版。

[二] 傅熹年主编：《中国古代建筑史·三国、两晋、南北朝、隋唐、五代建筑卷》，中国建筑工业出版社，2001年12月版。

[三] 孙毅华：《敦煌石窟全集·建筑画卷》，商务印书馆(香港)有限公司，2001年10月版。

[四] 傅熹年：《傅熹年建筑史论文选》，百花文艺出版社，2009年1月版。

[五] 东南大学建筑研究所：《宁波保国寺大殿勘测分析与基础研究》，东南大学出版社，2012年12月版。

[六] 赵春晓：《宋代歇山建筑研究》，西安建筑科技大学硕士论文，2010年。

[七] 王其亨：《歇山沿革试析——探骊折扎之一》，《古建园林技术》，1991年第01期。

[八] 李灿：《营造法式中厦两头造出际制度释疑》，《古建园林技术》，2006年第02期。

[九] 刘妍，孟超：《晋东南地区唐至今歇山建筑研究之一、二、三、四》，《古建园林技术》2008年02期～2011年02期。

[十] 杨烈：《山西平顺古建筑勘察记》，《文物》1962年第2期。

【独具特色的高句丽建筑造型艺术】 [一]

朴玉顺　姚　琦·沈阳建筑大学建筑研究所

摘　要：2000年前的高句丽文明已经淹没在历史的长河中，承载着高句丽文化的地面建筑（陵墓除外）也仅仅留下了散乱的柱础、墙基和其他少许的建筑信息。本文通过现场勘测，对高句丽古墓壁画中有关建筑信息的比较分析以及古代典籍的查阅，结合有关当代建筑造型艺术的相关理论，阐述了高句丽建筑单体造型的构成要素，建筑各部分的比例关系特点，建筑所用色彩的特点，建筑室内外主要的装饰构件的类型及其在形态和色彩上的特点。同时，本文也剖析了形成高句丽建筑造型艺术特点的原因：高句丽作为存世七百余年的东北地方少数民族政权，有着自己独特的审美标准和表达方式，同时由于其同属于汉文化圈，其建筑艺术又深受汉文化的影响，有着汉文化深深地印记。

关键词：高句丽　建筑　造型　特点　成因

[一] 本文得到国家自然科学基金项目《高句丽早中期都城营建研究》(项目号：51278310)资助。

181

在高句丽政权存世七百余年的时间里，创造了高度发达的建筑文明，为北方少数民族历史文化留下了浓墨重彩一笔。在其消亡的一千五百余年的时间里，承载着高句丽文化的建筑，也逐渐远离了人们的视野，消失在了历史的长河中。除了陵墓外，地面建筑已经没有遗存，只是在曾经繁荣的都市中还依稀可见当年建筑的柱础、墙基，残损的城墙、城门等少量的建筑形象。为了让后人能够更加清晰地了解高句丽的建筑特点，本课题组在国家自然科学基金资助下，经过5年的潜心研究，初步总结出了高句丽建筑的基本特点和演进规律。本文仅从高句丽建筑造型艺术方面阐述其特点和成因。

一　高句丽建筑的造型特点概述

高句丽建筑的造型根据屋顶形式目前已经发现有庑殿式（即四坡顶）（图1）、悬山式（图2）、攒尖式（图3）、歇山式（图4）4种主要类型。从单体建筑的立面构成要素上，同我们所熟悉的中原建筑一致，仍然可看

图1 庑殿式　　　　　　　图2 悬山式

图3 攒尖式　　　　　　　图4 歇山式

成是由台基、屋身和屋顶三个主要部分构成的三段式，台基又包括踏步、坡道等，屋身又包括墙体、门窗、柱、斗拱、梁枋等部分，屋顶又包括脊及其装饰构件、屋面、檐下椽板、檐口等部分。一般而言，高句丽建筑的台基低矮，屋顶和屋身的比例接近1∶1。一般皇家建筑的色彩，大多采用白色墙面，朱红色柱子，灰色或砖红色陶瓦，花岗岩或砾石的台基（图5）。各构件造型特点、构件表面所施纹样和色彩将在后文中详述。

二 屋顶各部分的形式及其特点

屋顶各部分形式是影响高句丽建筑造型的最主要因素，以下简要阐述其屋脊、檐口和屋面的形式及其特点。

1.屋脊

高句丽建筑屋脊造型的显著特点是比较平直，仅正脊及垂脊的端部向上起翘，且起翘明显，典型的例子如安岳3号墓内厨房与肉库的屋脊。大多数正脊两端都有装饰构件，目前已知屋脊装饰构件的形式有以下三种

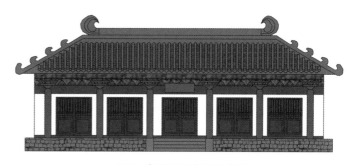

图5 宫殿立面复原示意图

（图6）：第一种以朝鲜定陵寺出土的一屋顶鸱尾实物为代表的高句丽晚期典型的鸱尾形式，其高约1.5米，宽约1.3米，厚约0.2米，尾尖向内倾伸，外侧施鳍状纹饰。第二种是火焰形（亦称宝珠形）的装饰构件，是高句丽建筑独有的形式。如在舞踊墓的壁画中，有一四坡顶的建筑上就有三个这样的装饰构件；在壁画下部还有一房屋形象，除了屋顶吻的形象与上面的建筑相似，在斜脊上还有装饰物反翘于上，形似浪花，装饰较上屋更为华丽。第三种尖形卷涡式的装饰构件，如在通沟12号墓南室后壁的壁画有一屋宇的形象，屋脊的端部与垂脊的端部处理都采用尖形卷涡鸱尾。此种类型的构件在高句丽中期的建筑画中出现的次数较多，应该是比较常见的建筑装饰。

高句丽建筑垂脊端部起翘，垂脊端部造型可分为有装饰构件和没有装饰构件两种，有装饰构件的类型，其构件形式以大刀形最为常见。典型实例如安岳3号墓壁画上厨房与肉库等建筑及麻线沟1号墓鹰枋建筑的垂脊（图7）。

183

	鸱尾式 （定陵寺出土）	火焰式 （舞踊墓壁画）	卷涡式 （通沟12号墓壁画）
遗存中的 正脊装饰	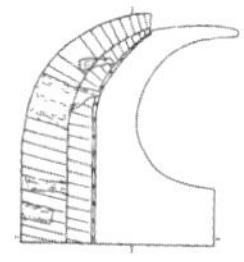		
规整后的 正脊装饰	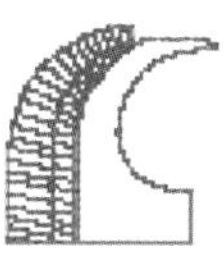	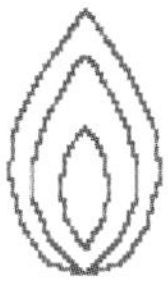	

图6 三种屋脊装饰构件

形式来源	安岳3号墓	麻线沟1号墓	集安舞踊墓
壁画中的 垂脊形象			

图7 三种垂脊

2.檐口

我们知道，两汉、魏晋直至南北朝时期，建筑基本是直檐口，只有极少例出现屋角起翘。直至南北朝末年，直檐口和屋角反翘的曲线檐口都在并存[一]。唐宋建筑屋顶的起翘已成为定规，以后更是如此了。高句丽墓葬壁画中建筑的（4世纪中～6世纪）檐口一般比较平直，屋脊端部起翘，均未出现屋角起翘的现象，因此笔者推测6世纪以前的高句丽时期，建筑屋角并未起翘，在此之后的大量模仿唐代建筑特点的建筑群安鹤宫，其建筑屋顶均作了起翘的处理。

檐口部分是由椽、望板以及滴水瓦当组成。瓦当作为屋顶檐口部分的重要装饰构件，瓦当是在高句丽所有文物中出土量最多的。瓦当直径140～220毫米，正面均为圆形，上饰以不同的装饰纹样（图8）。在所有瓦当中，卷云纹文字瓦当出现最早。其纹饰风格与制作工艺均与魏晋时期中原卷云纹瓦当的做法相近，推测可能是出自生活在高句丽国都国内城一带汉人瓦工的制品[二]。

184

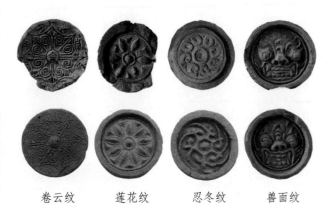

| 卷云纹 | 莲花纹 | 忍冬纹 | 兽面纹 |

图8　典型瓦当纹样

4世纪末，高句丽人烧制出了一批具有民族风格的瓦当，纹样题材多为莲花纹、忍冬纹及兽面纹，并开始融入本民族特色，形成高浮雕、高边缘、多砖红色的特点，已经与中原瓦当有所不同。晚期的瓦当纹饰则更为丰富，联珠、枝叶、双环、卷草等不仅构成了晚期高句丽瓦当新的题材，还与前期原有的纹样相融合构成新的纹样形式。

3.屋面

6世纪以前，高句丽建筑屋面造型的主流为直面；6世纪（相当于南北朝后期）后，迁都平壤城的高句丽代表的建筑——安鹤宫是高句丽模仿隋唐宫城布局和建筑形制成就最高的宫城[三]，因此可以推测安鹤宫的建筑屋面基本为曲面了，也就是说6世纪以后以安鹤宫为代表的建筑屋面逐渐成为以曲面为主。

高句丽建筑屋面早期主要采用茅草覆盖，《三国史记》载：朱蒙"至卒本川……未遑作宫室，但结庐于沸流水上居之"。结庐，当然是较粗率的草房了，所谓宫室，充其量不过是稍宽大一点的木结构草房而已。《旧唐书》记高句丽"其所居必依山谷，皆以茅草葺舍，惟佛寺、神庙及王宫、官府乃用瓦。"也可以说明高句丽用瓦之前曾经历过草庐的阶段。而且集安一代山中盛产苫房草，新中国成立以后，农民多用苫房，经济保暖[四]。大约到3世纪的中晚期，高句丽开始用瓦——板瓦、筒瓦，并逐渐使用瓦当。4世纪末，高句丽烧制出一批具有民族特色的瓦当，在东台子建筑宫和祭祀殿宇使用[五]。高句丽瓦及瓦当主要为陶制，用泥土烧制而成，呈砖红色或黑灰色（宫殿或其他地面建筑遗址出土瓦当为砖红色，陵墓出土的瓦当颜色为黑灰色）。在瓦当的使用范围上，高句丽有着较严格的等级界限。王公贵族生前的宫殿、居室、官府和死后墓上的享殿、祭祀的殿宇都是以瓦盖顶。而居住在郊外的边远地区的黎民百姓只能以草结庐，是绝不能用瓦的[六]。

三 屋 身

台基之上屋顶之下的部分是建筑的屋身部分，一般包括斗拱、柱、墙面和门窗几个主要部分。高句丽极重建筑屋身部分的形式与装饰处理，这一点可以从所留大量的壁画及文物中得到印证。下面笔者将依次进行阐述。

1.斗拱

斗拱是古建筑立面重要构图要素，也是屋顶和屋身之间的过渡性构件，因此，它的形式对建筑立面造型有着重要影响。高句丽斗拱的形式有单一的栌斗、一斗三升斗拱、人字拱、枅、三层横拱以及直斗等[七]若干种形式（图9），其中以一斗三升的形式占大多数，它们

形象来源	壁画中的斗拱形象	斗拱形象提取
安岳3号墓		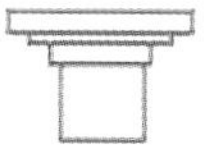
长川1号墓		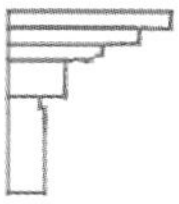
三室墓		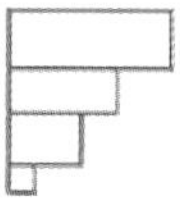
安岳1号墓	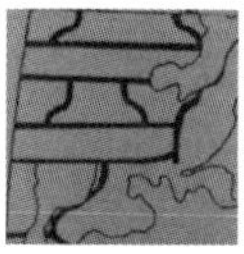	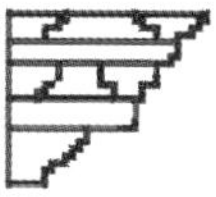
通沟12号墓		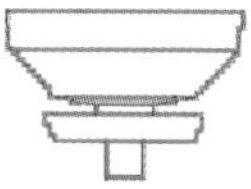
角抵墓		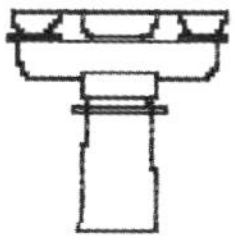
舞踊墓	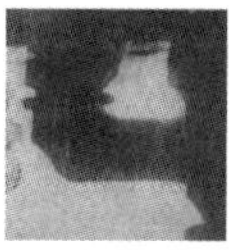	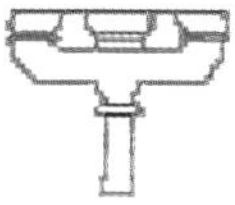
环纹墓		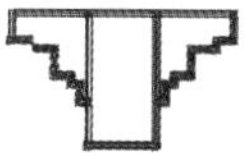
北山里古墓	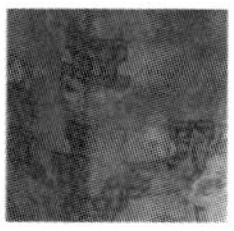	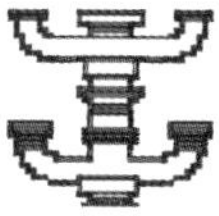
安岳2号墓	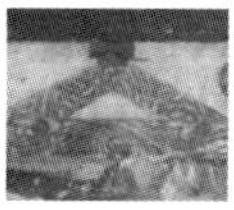	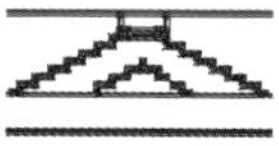

图9　斗拱的形式

[一]《中国古代建筑史》第二卷,中国建筑工业出版社,2001年12月版，第241页。

[二] 耿铁华、尹国有:《高句丽瓦当研究》,吉林人民出版社，2001年版。

[三] 宋雪雅:《渤海上京城第一宫殿及其附属建筑复原研究》,哈尔滨工业大学硕士论文，2005年。

[四] 林至德、耿铁华:《集安出土的高句丽瓦当及其年代》,《考古》,1985年第7期。

[五] 同注 [四]。

[六] 同注 [四]。

[七] 直斗,其称谓及解释见于《中国营造学社会刊》,第三卷第一期之《法隆寺与汉六朝建筑式样之关系》,第5页。

185

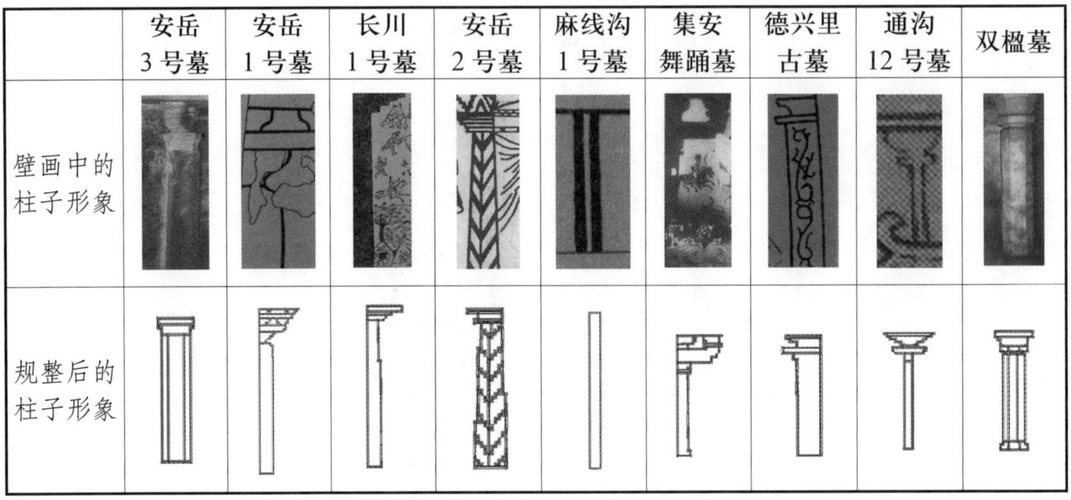

	安岳3号墓	安岳1号墓	长川1号墓	安岳2号墓	麻线沟1号墓	集安舞踊墓	德兴里古墓	通沟12号墓	双楹墓
壁画中的柱子形象									
规整后的柱子形象									

图10 柱子的形式

的分件组成和比例与中原地区同时期斗拱基本一致。高句丽建筑斗拱与梁柱的组合形式有以下几种：柱上置斗拱上承梁，其中斗拱部分有四种形式，单一的栌斗、一斗二升、多层叠涩、枅以及皿斗+一斗三升（或多层横拱）；柱上置斗拱上承梁，上再施一层斗拱承托梁架；柱上所置斗拱一般为皿板+一斗三升（或双层横拱）或单一栌斗的形式，其两层横梁所夹之拱有三种类型，如人字拱、人字拱+直拱、一斗三升。柱+皿板+莲花头+一斗三升斗拱+梁枋+一斗三升斗拱+梁枋（北山里古墓壁画）；内柱+皿板+一斗三升斗拱+梁枋+人字拱+梁枋（安岳2号墓）。中原地区的柱+斗拱+梁架的组合方式中，柱上所承斗拱一般仅为一个栌斗，不像高句丽这样为柱+皿板+一斗三升斗拱的形式，特别是其中莲花头的应用。经研究发现，高句丽壁画上的斗拱最初出现时，其形式及出现的时间与中原地区基本一致，如安岳三号墓的人字拱以及墓内的石斗拱；随着技术的发展，时间的推进，逐渐出现了一些具有民族特色的样式，如皿板上施莲花头承斗拱、柱上施皿板承斗拱（中原地区用的不是很普遍，高句丽的斗拱大部分下接皿板）以及+斗拱+梁枋+斗拱+梁枋的组合形式等。

高句丽建筑斗拱表面的装饰以多彩绘为主，敷色则多为朱红。斗拱表面纹饰多用云纹，局部如斗口部分兼施折线及三角纹，如安岳2号墓之斗拱形象。

2.柱

从现存高句丽墓葬及其内部壁画中得知柱子的截面形式主要为方柱、圆柱以及八角柱，形式相对简单（图10），其建筑特征详见下页表。现存柱的实物见于安岳3号墓以及双楹墓，安岳3号墓现存19根柱，其中6根为八角形，13根为四角形。从目前所见可知5世纪末以前，柱头无卷杀；5世纪末以后，若柱头上承形式较为复杂的斗拱，则柱头施以卷杀（安岳2号墓除外），典型实例如安岳1号墓以及龛神墓四隅柱头均有卷杀。德兴里古墓（5世纪初，相当于北魏初期）内出现的梭柱形象比河北定兴北齐（550年，即6世纪中）石柱上梭柱形象早上百余年，将梭柱的出现年代提早了百余年；由此笔者推测，梭柱可能是由高句丽首创并流传至其他地区的。柱细长比约为1：4～1：8，说明柱子比较粗壮，其柱身比例与汉代基本一致，与唐代相差很大，应该接近南北朝。

高句丽建筑中的柱特征表

墓葬名称	年代	来源	柱形式	柱身特点	所承斗拱形式	细长比	斗拱与柱身高度比
安岳3号墓	4世纪中	实物	八角柱	柱头无卷杀	栌斗	1：4～5	1：6
			四角柱	柱头无卷杀	一斗二升	1：6	1：2.5～3
龛神墓	4世纪中	壁画	四角柱	柱头略有卷杀	双重横拱	1：4.5	1：1
安岳1号墓	4世纪末	壁画	四角柱	柱头略有卷杀	双重横拱	1：6.5	1：3.5
长川1号墓	4世纪末5世纪初	壁画	四角柱	柱头无卷杀	栌斗	1：7.5	1：7.5
安岳2号墓	5世纪初	壁画	四角柱	柱头无卷杀	一斗三升及人字拱	1：5.5	1：3.5
麻线沟1号墓	5世纪初	壁画	四角柱	柱头无卷杀	无斗拱	1：8	无斗拱
舞踊墓	5世纪初	壁画	四角柱	柱头无卷杀	一斗三升	1：4	1：2.5
德兴里古墓	5世纪初	壁画	四角柱	梭柱	栌斗	1：7.5	1：10
通沟12号墓	5世纪	壁画	四角柱	柱头无卷杀	栌斗	1：8	1：10
双楹墓	5世纪末	实物	八角柱	柱头略有卷杀	栌斗	1：4	1：3.5
		壁画	四角柱	柱头略有卷杀	双重横拱及人字拱	1：7	1：2

注：柱子的细长比为柱径：柱高（不包括柱础及斗拱高度）

高句丽柱表面敷色以朱红为主，而柱身饰色以丹"为贵"。柱表面的纹饰多以云纹为主，云纹形象则各具特色，有卷云纹、菱形云纹等。云纹线条多呈深黑色，与朱红柱色交相辉映，营造出古朴、典雅的民族风格。也见有在柱表面施独特箭状彩绘的例子，箭形为红色，装饰含义不明。

重要建筑柱下有石柱础，其大体分为两类（图11）：一类是不加特别修整的略呈方

石柱础	第一类		第二类
现有遗存			

图11　柱础的形式

形、长方形或不规则形（四角、六角和八角）石块，单个建筑遗址内础石大小相差不大；该类础石一般用在建筑内部或是墙壁内部承托木柱。另一类础石则加工精细，由一块整的岩石打凿而成，面作一圆或双重圆或八角形凸起状；一般用在墙壁外面廊道承托木柱。这些础石大多为花岗岩，有些为砾石、玄武岩。

3. 梁枋

高句丽梁、枋的截面形式一般为圆形或矩形，其上所绘纹样由于年代的不同而各异，目前已知有四种形式（图12），第一类梁枋上的装饰彩绘多为配合主体壁画而作，如舞踊墓、角抵墓等，这类做法多出现在高句丽早期的建筑中；第二类是在石梁枋上（影作梁枋的位置）绘制云纹，以模仿木构梁枋的装饰特点，如双楹墓、德兴里古墓等，这时壁画的主体乃是描绘当时的社

会生活；第三类是在石梁枋上绘卷草纹，如江西大墓、中墓，推测其装饰乃受到同时代中原佛教文化或南北朝装饰的影响；第四类是在梁枋上绘交龙纹，典型的实例是桓仁将军墓壁画和五盔坟5、6号墓壁画，尤其是桓仁将军墓梁枋上绘抽象的交龙纹形象，颇具战国交龙纹的遗风，在所有高句丽龙纹中独树一帜。在色彩的运用上以白、红、黑三色点缀纹样并通过调节三色的面积比例来控制纹样装饰效果的做法同样在中原地区极为少见。

4. 门窗

高句丽建筑门的形象在所留壁画中反映较少，但还是可以从中发现一些规律性的做法。高句丽建筑中，尤其是在高级的建筑中，门常常开在建筑山墙一面。典型实例如通沟12号墓南室壁画中所示高级建筑的门为双扇镶板门，门上有铺首。另外，在入口上部还做了挑出墙面的出檐。再比如舞踊墓主室右壁壁画中所绘建筑虽较简单，也在建筑山面开门，门形象较为含糊，似为平板门。高句丽建筑的门框及门楣位置多有装饰（图13）。典型实例如五盔坟5号墓南壁

舞踊墓　　　　　　　　双楹墓

江西大墓　　　　　　　将军墓

图12　梁枋上的装饰

门框处绘有二方连续的忍冬图案，绿色枝蔓，相间缀着红、绿、黄、白色的花叶。再比如集安麻线1号墓甬道处的门楣及门框则绘赭色的卷云夹菱形纹连续图案。当然也有一些建筑没有装饰纹样，如长川1号墓的门框则遍施朱红，不做任何纹饰。高句丽建筑窗的形象在所留

通沟12号墓南室

五盔坟5号墓

麻线1号墓甬道

图13 门楣装饰

壁画中仅见一例，在舞踊墓主室右壁壁画之上屋入口处有直棂落地窗的形象，形制古朴，其他壁画中则鲜有窗出现。

5.墙面

高句丽墙体实物早已不存，据现存遗址推测可能采用夯土承重墙、木骨泥墙或石块砌筑。如果是采用夯土墙或木骨泥墙承重体系，那么墙身做法应该与同时期中原做法相似，如在朝鲜高句丽时代定陵寺遗址出土的一些装饰构件，类似中原用于墙壁装饰壁带上的饰物。从现有的壁画遗存也可以看到高句丽建筑外墙面为白色，通过对陵墓建筑内墙壁研究发现，通常先施白灰，而后再在其上作画，进而推想建筑外墙施白也应该如此。还有一种可能，就是当时墙壁为石块砌筑。高句丽早期文化又被誉为"石头文化"，石砌技术运用较成熟。高句丽留存至今的陵墓、城墙多为石块砌筑，一些基础设施也多用石材来建造。如果墙体为石材砌筑的话，墙面则呈现出石材的质感。

四 台 基

高句丽建筑均采用低矮的夯土台基，其形式有三种（图14）：第一种，边缘用石块垒砌、压边。其垒砌的石块大致分为两种类型，一是内外两圈整齐石块，中间填有碎河卵石的做法，如国内城体育场建筑遗址的台基压边；另一是仅有一圈条石压边，如丸都山城宫殿址的1号、5号建筑周边做法。第二种，台基边缘一圈用长侧面刻有"龙"纹或"回"字纹的砖压边，台基顶面上铺顶面为"绳"纹的方砖；如国内城审计局职工宿舍遗址、体育场4座高句丽建筑遗址、东台子建筑遗址均有似为台基包砖以及铺地砖的方砖出土，从现存遗迹来看，台基外层并未有角

189

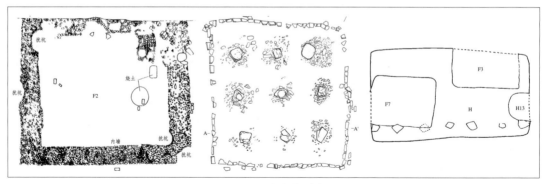

图14　三种台基形式

柱、间柱及土衬石的痕迹，一切都比较简单。这些方砖由夹沙红褐陶制作，尺寸约为30.4×(15~18)×(5.2~7.8)厘米；只有较高等级的高句丽建筑才方砖铺地的出现；方砖均为夹沙陶制，大部分为红褐色，还有些为黑褐色、青灰色、灰褐色。第三种未用石块压边，如五女山城1号大型建筑遗址。

五　结　论

通过以上对高句丽建筑各造型要素特征的阐述，可以看出高句丽作为中国古代东北地区的少数民族政权，建筑的造型、色彩、纹样装饰具有鲜明的高句丽民族特色，其独特的建筑造型艺术对当时周边地区，乃至后来的朝鲜半岛都产生了一定的影响。同时，高句丽建筑装饰中屋顶鸱尾、柱、斗拱、门等部分及其上面的装饰纹样皆与当时中原地区建筑极为相似，其原因在于高句丽从建国直至灭亡，一直与中原保持政治、经济、文化上的密切往来，而建筑作为经济与文化的载体必然有所反应。

参考文献:

[一]　傅熹年:《中国古代建筑史》[M]，中国建筑工业出版社，2001年12月版。

[二]　尹国有、耿铁华:《高句丽瓦当研究》[M]，吉林人民出版社，2001年12月版。

[三]　宋雪雅:《渤海上京城第一官殿及其附属建筑复原研究》，哈尔滨工业大学硕士论文[D]，2005年。

[四]　林至德、耿铁华:《集安出土的高句丽瓦当及其年代》[J]，《考古》，1985年第7期。

[五]　滨田耕:《法隆寺与汉六朝建筑式样之关系》[J]，《中国营造学社会刊》，第3卷第1期，第5页。

[六]　邱羿:《高句丽建筑形制研究》，沈阳建筑大学硕士学位论文[D]，2009年3月。

[七]　杨子明:《高句丽建筑装饰艺术研究》，沈阳建筑大学硕士学位论文[D]，2009年3月。

[八]　吉林省文物考古研究所编著:《丸都山城——2001～2003年集安丸都山城调查试掘报告》[M]，文物出版社，2004年版。

[九]　吉林省文物考古研究所编著:《国内城——2001～2003年集安国内城调查试掘报告》[M]，文物出版社，2004年版。

[十]　辽宁省文物考古研究所编著:《五女山城——1997～2003年桓仁五女山城调查试掘报告》[M]，文物出版社，2004年版。

190

【征稿启事】

为了促进东方建筑文化和古建筑博物馆探索与研究，由宁波市文化广电新闻出版局主管，保国寺古建筑博物馆主办，清华大学建筑学院为学术后援，文物出版社出版的《东方建筑遗产》丛书正式启动。

本丛书以东方建筑文化和古建筑博物馆研究为宗旨，依托全国重点文物保护单位保国寺，立足地域，兼顾浙东乃至东方古建筑文化，以多元、比较、跨文化的视角，探究东方建筑遗产精粹。其中涉及建筑文化、建筑哲学、建筑美学、建筑伦理学、古建筑营造法式与技术；建筑遗产保护利用的理论与实践；东方建筑对外交流与传播，同时兼顾古建筑专题博物馆的建设与发展等。

本丛书每年出版一卷，每卷约 20 万字。每卷拟设以下栏目：遗产论坛，建筑文化，保国寺研究，建筑美学，佛教建筑，历史村镇，中外建筑，奇构巧筑。

现面向全国征稿：

1. 稿件要求观点明确，论证科学严谨、条理清晰，论据可靠、数字准确并应为能公开发表的数据。文章行文力求鲜明简练，篇幅以 6000—8000 字为宜。如配有与稿件内容密切相关的图片资料尤佳，但图片应符合出版精度需要。引用文献资料需在文中标明，相关资料务求翔实可靠引文准确无误，注释一律采用连续编号的文尾注，项目完备、准确。

2. 来稿应包含题目、作者（姓名、所在单位、职务、邮编、联系电话），摘要、正文、注释等内容。

3. 主办者有权压缩或删改拟用稿件，作者如不同意请在来稿时注明。如该稿件已在别处发表或投稿，也请注明。稿件一经录用，稿酬从优，出版后即付稿费。稿件寄出 3 个月内未见回音，作者可自作处理。稿件不退还，敬请作者自留底稿。

4. 稿件正文（题目、注释例外）请以小四号宋体字 A4 纸打印，并请附带光盘。来稿请寄：宁波江北区洪塘街道保国寺古建筑博物馆，邮政编码：315033。也可发电子邮件：baoguosi1013@163.com。请在信封上或电邮中注明"投稿"字样。

5. 来稿请附详细的作者信息，如工作单位、职称、电话、电子信箱、通讯地址及邮政编码等，以便及时取得联系。